U0024792

人間美味 100道

《美食與美酒》雜誌社 編著
橘子文化事業有限公司

國家圖書館出版品預行編目（CIP）資料

人間美味100道 /《美食與美酒》雜誌社編著.
  -- 初版. -- 臺北市：橘子文化，2014.02
  面； 公分

  ISBN 978-986-6062-83-4（平裝）
  1. 餐飲業

483.8   103000154

人間美味100道

編　　著　　《美食與美酒》雜誌社
主　　編　　鍾寧
特約編輯　　吳江
編　　輯　　喬健
設　　計　　妙妙

出 版 者　　橘子文化事業有限公司
　　　　　　萬里機構出版有限公司　聯合出版
總 代 理　　三友圖書有限公司
地　　址　　106台北市安和路2段213號4樓
電　　話　　(02) 2377-4155
傳　　真　　(02) 2377-4355
E-mail　　　service@sanyau.com.tw
郵政劃撥　　05844889　三友圖書有限公司

總 經 銷　　大和書報圖書股份有限公司
地　　址　　新北市新莊區五工五路2號
電　　話　　(02) 8990-2588
傳　　真　　(02) 2299-7900

初　　版　　2014年二月
定　　價　　新臺幣380元
　　ISBN　　978-986-6062-83-4（平裝）

序

走過漫長人生路，有多少人懂得時刻停下腳步，細味人間風景？雖然如此，有些事有些人，始終刻骨銘心，有些味道，總教人難以忘懷。

回味前塵，很多人都覺得今非昔比，認為味道都是舊時的好，卻說不出箇中因由。其實對某一種食物、某一道菜式特別上心，往往與食物本身的味道無關，而在於吃時的心情和感情。有情，才有百般滋味！試問，一個蘋果，能有多甜？是日本青森縣蘋果園內悉心栽培的，還是美國加州陽光底下成長的蘋果最可口？都不是。與初戀情人你一口我一口咬一個蘋果，才是最讓人永遠眷戀那份甜在心的感覺——天下間沒有第二個蘋果比得上。

雖然好不好吃歸根究柢在乎味道，但好不好吃也是非常個人的體會。本書說到廣式早茶，「與人飲茶，幾件點心落肚，沒有人會不愛廣州那種自在而恬淡的逍遙。」飲食享受不僅僅在食物本身的微妙關係，一語道破。也就是說，飲和食可以超越了味道去到生活藝術的另一境界。

有些人自以為識食，以為已經站在很高的標竿上，卻不知天外有天，如此連味分高下的本事也只在一般水平，遑論闖蕩更高的境界。有些人偏執自持，只按自己的口味定奪，錯失了從未探索過的新口味也懵然不知。吃和做人一樣，須放開胸懷，「人一世，物一世」，試一次又何妨？試過一次，不好吃的話，無下次。沒試過，食的視野怎可能不斷拓闊！

天下之大，食海無涯，奈何吾生有涯，窮一生也難以盡攬世間美味。本書不僅為大家提供捷徑索引，而且能說出精選的一百種味道的根源，即使不是「為食鬼」，也值得細讀。

梁家權
2013 年 12 月

梁家權，香港資深傳媒人、食家、飲食文化研究者。

目錄

序 **3**

1 廣式早茶 **8**

2 廣東燒臘配酒 **12**

3 廣州啫啫煲 **15**

4 金蠔 **16**

5 魚飯 **18**

6 九節蝦 **21**

7 花錦鱔王 **24**

8 老香黃 **25**

9 蝦子柚皮 **25**

10 鵝油飯 **26**

11 汕頭牛肉丸 **28**

12 中國水牛奶 **30**

13 廖孖記腐乳 **32**

14 頤和園高級蠔油 **37**

15 吳氏黑麻油 **37**

16 鳳梨釋迦 **38**

17 螃蟹脚 **39**

18 凍乾松茸 **39**

19 漆樹油燉雞 **40**

20 竹筒飯和竹筒酒 **43**

21 銅鍋抗浪魚 **44**

22 樹番茄喃咪 **48**

23 雲南諾鄧火腿 **50**

24 川式手工茉莉花茶 **54**

25 10 年陳郫縣豆瓣 **57**

26 自貢跳水蛙 **58**

27 廈門小吃 **60**

28 楚門文旦 **62**

29 柚子配柚子茶 **63**

30 寧波黃魚麵 **66**

31 杭州桂花定勝糕 **67**

32 杭州醉湖蟹 **71**

33 楠溪江香魚 **72**

34 苔條 **73**

35 筍筒 **76**

36 蟹粉麻婆豆腐 **80**

37 桂花糖藕 **81**

38 白露時節的鱔魚 **82**

39 蘇州啞巴生煎 **84**

40 高郵雙黃鹹鴨蛋 **85**

41 陽澄湖大閘蟹 **87**

42 蘇州協和古法松鼠鱖魚 **88**

43 南京鹽水鴨配酒 **91**

44 新鮮太湖蒓菜 **94**

45 冬日的烤羊排和羊雜湯 **97**

46 馬家溝芹菜 **98**

47 鐵鍋恐龍蛋 **100**

48 山西寧化府陳醋 **104**

49 古法北京烤鴨 **106**

50 五常大米 **111**

51 老北京涮羊肉 **113**

52 可以吃的擂茶 **114**

53 昆侖雪菊 **118**

54 西班牙橡果味小牛排 **119**

55 沉香入茶 **121**

56 老起子麵包 124

57 一生必試三款辣醬 126

58 Michel Cuize 的巧克力 129

59 西班牙 Joselito 火腿 130

60 黑松露鵝肝 133

61 西班牙黑豬肉 134

62 西班牙頂級名廚的 Mugaritz
餐廳 136

63 法國艾帕歇斯芝士 139

64 Justin Bridou 法國香腸 144

65 法國居家「小吃」 145

66 菊苣 147

67 朝鮮薊 150

68 意大利巴馬臣芝士 153

69 白松露陳醋 156

70 智利烟燻辣椒 157

71 金牌楓糖漿 158

72 澳大利亞 Quay 的著名甜品
雪球 159

73 龍蝦肝 161

74 袋鼠島手工桉樹蜂蜜冰淇淋
164

75 紫土豆 166

76 藍鰭金槍魚的 Otoro 167

77 和牛 171

78 鮟鱇魚肝 173

79 德島味噌 175

80 魚沼米 177

81 北海道利尻昆布 179

82 日式冷蕎麥麵 **180**

83 日本傳統壽司 **183**

84 Tao 芝士蛋糕 **187**

85 罐頭鮑魚 **188**

86 黑蒜油豬骨湯出前一丁 **190**

87 日本綠梗山葵 **191**

88 北海道農場牛奶 **194**

89 雪糕專用醬油 **195**

90 日本皇室水蜜桃 **196**

91 修真園手工 5 年陳醬油 **199**

92 土耳其軟糖 **201**

93 藍寶石波斯鹽 **205**

94 越南河粉 **206**

95 馬來西亞猫山王榴槤 **209**

96 30 夜牛排 **210**

97 生蠔美味 **211**

98 大都會馬天尼 **215**

99 手工蜂蜜 **219**

100 無花果 **222**

1 廣式早茶

南方的太陽起得晚，落得也晚。所以廣州的早晨一開始，就有着一股子篤定的悠閒味道。「飲咗茶未？」一句最市井的早安，將人帶到一間間茶舍，味蕾就在茶和點心淡淡的熱氣裏蘇醒了。喝早茶是一種帶着些許懷舊的生活方式。它和這座城市越來越多的地鐵、房價飆升的珠江新城、整日塞車的廣州大道都沒有什麼關係。每天早晨，這裏總有一大群人，慢慢地沏茶，慢慢地吃點心，慢慢地説閒話，慢慢地消磨時光。據説最早的廣州茶舍門口都掛着「茶話」二字，那情境真讓人懷疑是不是至今百年未變。話題就隨着功夫茶的氤氳，一泡一泡地熱騰着。

老人家是平日裏早茶的主要人群，幾個簇在一起煞有介事地聊用退休金炒的那幾支股票，賺了錢的一開心就「蒸多一籠叉燒包，算我咯」；也有兩老夫妻相濡以沫地坐着，各看各的報，間或安靜地給老伴加盞茶；甚至有提着鳥籠吹着口哨的，那是很「潮」的老人家，一個人來「嘆世界」。

在廣式早茶的點心中，蝦餃、乾蒸燒賣、叉燒包、蛋撻並稱為「四大天王」，此外，馬拉糕、黑米糕、蜂巢糕、糯米雞、奶黃包、牛百葉、香菇滑雞、粉果，平價的香片，價貴的馬騮椒，豐腴的鳳爪，帶着些許豆豉味道的蒸排骨，潤滑的瑤柱白粥，一切在茶舍都隨意而至。一坐幾個鐘頭很平常，小推車裏一屜屜的點心自己趁熱挑，啪啪蓋個章，就坐定享受美味吧，茶盡話不斷，把茶壺向上翻開，就會有人來加水了。與人飲茶，幾件點心落肚，茶水喝得有些泛淡，八卦意味卻濃，這種時候沒有人會不愛廣州那種自在而恬淡的逍遙。

人間美味100道 8

充滿濃厚嶺南風情的粵式早茶

  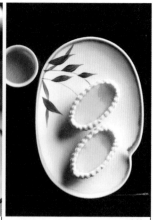

鹹燒餅 | 流沙包 | 蛋撻

鹹燒餅 | 懷舊的點心鹹燒餅在老廣州的流行程度相當於北方的油條，這種油炸點心的妙處在於酥脆和軟韌兩種口感的混合以及甜鹹兩種味道的平衡。麵粉用南乳、生抽、白糖、紅糖等調味，吃起來甜香惹味又帶着南乳的特殊香氣。醒發剛好的鹹燒餅是塔形蛋糕心，餅的中間會膨脹變薄，炸過以後像塔尖一樣突起，酥脆異常，周圍又像蛋糕一樣鬆軟中帶有麵的咬勁，吃出了雙重口感。廣州人怕吃鹹燒餅上火，往往會配一碗敗火的鹹骨粥。

乾蒸燒賣和叉燒包 | 乾蒸燒賣和叉燒包是廣州人喜歡的茶樓傳統點心，乾蒸燒賣用薄麵包裹半露的肉餡料蒸熟，因為用了去了筋的豬腿肉手工剁肉，保持了一粒粒的口感，上面點綴上蟹黃，又漂亮又口感爽潤，汁水甘甜絲毫不膩。叉燒包最看發麵功力，發得好的話，蒸熟以後雪白鬆軟，頂上會自然裂開三瓣，未嚐便知八分。

蛋撻 | 與香港的酥皮蛋撻不同，廣州的蛋撻是牛油皮，咬起來不會簌簌地掉皮，反而有濃濃的油香和較密實的口感。形狀是剛剛可以放進嘴裏的橢圓形，所有滾燙嫩滑的好滋味便可以全部入口。

蝦餃　　　燒賣　　　瀨粉

蝦餃 ｜ 最能體現早茶精神的點心非蝦餃莫屬。一個小小的蝦餃，可以看出一家茶樓的
　　　 水準和誠意，看出點心師傅的功力。傳統蝦餃，講究一口一個，彎梳形狀，
十三褶，以澄麵為皮，拌了豬油的蝦肉和筍絲為餡兒。昔日有泮溪酒家名廚，做蝦餃的技藝
已經出神入化，無所寄托，奮而製「像形白兔蝦餃」，不但有傳統蝦餃的講究，更有白兔形
狀，眼睛還拿火腿粒來做，令中外媒體驚為天人。

蝦餃皇算得上這些年的新產物。一個點心籠屜，放四個蝦餃已經是前呼後擁幾乎挪騰不開。
半透明的嫩滑外皮均勻地打着褶，欲露還羞地透出粉紅幼嫩的內心，鮮蝦肉的花紋和質感呼
之欲出。夾起一個來咬上一口，大塊蝦肉充滿肉感和脆爽，所以頗受追捧。

瀨粉 ｜ 要欣賞一碗濃稠如同放久了的麵條一樣難看的傳統瀨粉，必須親自嚐一大口。
　　　 吸飽了用乾蝦仁、瑤柱、高湯熬成的鮮濃湯汁的瀨粉入口鬆軟，就像在舌面上
鋪開一條又大又軟的鮮味地毯，牙齒彷彿可以不存在。

其實在廣州吃到正宗瀨粉的機會越來越少了，當老字號茶樓都開始賣給客人像塑料繩一樣規
則無味的彈牙瀨粉的時候，專門定製的傳統瀨粉就更顯難得。傳統瀨粉用純米加白雲山的水
手工製成，粗細不均勻，要的是又鬆又粉的口感，所以不能用新米來做，而是專門加入已經
失去部分膠質、澱粉增多的陳米，以確保每一寸瀨粉都有超強的吸附能力和鬆軟的口感。

2 廣東燒臘配酒

要是跟一個老廣州人說起燒臘，他會馬上定位在燒鵝上，並告訴你哪個菜市場邊的哪個檔口、哪個開了幾十年的小店、下午四點開門就要排隊，等等，必要時要打電話給家裏的老母親討論，充滿濃濃的人情味。其實，燒臘除了宴席上的烤乳豬，其他的燒鵝、燒肉、叉燒、白切雞、臘腸等等，大多都是居家良品，前店後廠，現做現賣，熱騰騰地出爐，斬個上裝或者下裝，拿回家弄點米飯就可以當一頓飯。廣州自古沒有涼菜，這些燒味就是正餐之前那一場華麗的序曲，拿來下酒正好。油脂豐富的燒味，除了百搭的香檳、氣泡酒之外，可以嘗試更加百變和驚喜的搭配。

燒肉 | 燒肉講究用一層皮、一層肥膏、一層嫩肉、一層軟骨帶脂肪、一層瘦肉連骨的五層方正的五花腩，果木炭火烤出酥脆如餅乾的外皮，塗了香料的肉細嫩多汁，口感豐富，肥而不膩，滿口油脂香。

配酒 澳大利亞藍寶麗絲—霞多麗（Blue Pyrenees - Chardonnay）

體驗 肥美的燒肉需選擇酒體同樣肥美豐腴的白酒，來自澳洲的霞多麗通常酒體豐滿之餘又帶有濃郁的果香，能與燒肉醃料裏的香料呼應。

燒肉 |

刚出爐的燒臘配

豉油雞

用添加了豉油的特製滷水來浸熟肥嫩的雞，是廣州人最愛的吃雞方式之一。咖啡色的外皮薄而入味，皮下一層薄薄的脂肪包裹着滑嫩多汁的雞肉，還有淡淡的豉油香氣。

配酒　意大利北部歌塔希菲菲園翠美納（Kurtatsch - Freienfeld Gewurztraminer）

體驗　瓊瑤漿通常帶有濃郁的荔枝、桂圓香氣，這款酒與豉油雞可謂最佳搭檔，瓊瑤漿清新甜美的香氣被更加飽滿地體現出來，而豉油雞豉油的味道也絲毫不被掩蓋，兩者融合非常清新甘美，充滿春天的愉快氣息。

燒鵝

廣州燒鵝會選成年的黑棕鵝，用香料醃製，外皮塗上鮮檸檬汁，烤到棗紅油亮，金光閃閃，鵝香撲鼻，淋上燒鵝汁更是味道豐富，吃起來肉並不酥爛，反而是很扎實有韌性，並且越嚼越香，這是最大的特點。鵝好，還要吃新鮮出爐的，剛出爐的燒鵝，皮是棗紅透亮的，胸脯緊緻又飽滿。

配酒　法國隆河谷威菲莊園丘隆河紅葡萄酒（J. Vidal - Fleury - Cotes du Rhone Rouge）

體驗　丘隆河的紅酒香料氣息明顯，口感豐富甜美，充滿張力的酒與燒鵝非常般配。兩者相遇產生魔術般的效果，燒鵝獨特的香味與酒香混合產生全新的味覺體驗，口感也飽滿清晰。細膩的單寧亦襯托出燒鵝的滑軟。

叉燒

廣東最好吃的叉燒是用豬頸部的一字梅那一塊肉來製成的，豐富的香料味和爽脆多汁的口感叫人欲罷不能。烤得好的叉燒邊緣會有點焦黑，叫做火柴頭，烤到火柴頭出現，才是最佳火候，香味最濃。

配酒　澳大利亞威拿蜜絲佳桃粉紅葡萄酒（Wirra Wirra - Ms Wigley Moscato）體驗：這款酒濃郁的蜜桃香氣和糖份能與蜜汁相襯，而活潑的酸度又能平衡肉質的油膩。略帶氣泡的酒有點調皮的個性，香甜清新，與蜜汁叉燒相遇，產生一種類似於咕咾肉的效果，甜度搭配得剛好。

3 廣州啫啫煲

牆前面一字排開若干爐頭，隨時火光沖天；紅磚牆被油烟燻得棗紅油亮，充滿說服力。目不轉睛地看着一個吊兒郎當的小弟把切好的生肉塊丟進一個砂鍋，放在火上，劈裏啪啦一陣響冒起一陣油香，粉紅已泛出微白，只見他隨便加了幾樣大蒜薑塊，倒了點調料，拿着一雙手臂那麼長的筷子頂端，後仰着在鍋裏翻攪兩下，火焰騰空而起，映得人臉通紅。那些肉在火焰裏發出「滋滋」的呻吟，叫人想馬上吃掉它。

這時候起火的砂鍋被趁勢端起，守候一旁的另一個人馬上把裝了嫩綠香菜葱段的砂鍋蓋扣上，緊接着在蓋子上淋些酒，呼的一聲藍色火焰再次升起，快活涌動的吱吱聲密集持續地響，香味不斷擴散它的半徑，這一鍋還在着火的食物馬上送上了某人的餐桌，痛快，真是要命。這就是廣州地道啫啫煲的魅力。

「啫啫」是粵菜獨有的一種烹調方式。其做法是利用瓦鍋的熱能把肉類焗熟，中途不可開蓋加水，完全依賴肉本身的肉汁揮發出蒸汽來焗熟材料。材料焗至乾身時像走過油似的，香濃無比。發源於民間的這樣惹味的菜餚可以用牛肉、黃鱔、鵝肝、肥腸、尋常的蔬菜等各樣食材來製作，要的就是熱烈的氣氛和濃厚卻不掩蓋食材本身鮮甜的滋味。

製作啫啫煲

4 金蠔

生蠔固然鮮嫩多汁，金蠔卻更得蠔之真味。汕尾海豐一帶盛產生蠔，蠔農把養得雪白肥嫩的六年生大蠔王選出來，個個都在三兩以上，在烈日下暴曬四個小時製作成油亮古銅色的金蠔。半個拳頭大的蠔肉曬過以後也就一個湯匙大小，生蠔中的水分被極速收乾，蠔的奶油般的鮮美和海洋氣息得以濃縮，光是聞一下就妙不可言。將這帶着純粹蠔油味的極品和臘腸一起做成臘味飯，百步之外就能聞到誘人的香氣。

毫無疑問，金蠔選材最優是位於廣東汕尾海陸豐的紅海灣，這裏出產優質的大蠔。廣東其他產地的生蠔，帶蠔殼重量平均都在 100 克至 150 克左右，而紅海灣生蠔帶蠔殼都能達到 250 克至 400 克。平均長度超過 15 厘米的「蠔王」更是紅海灣的特產。這裏的大蠔殼上有很多圈，這些圈跟年輪一樣，每一年都會加一圈，長到三四年的蠔一般都比較肥，過了四年就開始長得慢了。撬開殼後，乳白飽滿的蠔肉露了出來，肥嘟嘟顫巍巍，肥美得像是隨時都要爆漿，旁邊烏黑的腮充滿了光澤。以這樣的原料製出的金蠔，才有絕妙的滋味。

在深圳一家以海豐菜和生蠔聞名的餐廳，廚師想到把金蠔和乾鮑一起紅燒，做成「蠔鮑相會」，鮑魚帶上蠔油香味，金蠔口感與鮑魚相似。廣東過年的傳統盆菜中更少不了金蠔，配合野生大海蝦、家豬手、海參、蹄筋、墨魚、魚丸、海魚餅、腐竹、慈姑、芋頭和深海大鬥鯧等，叫人眼花繚亂。

5 魚飯

在對魚的態度上，潮汕人的尺度相當寬廣。一面要包船到南澳島釣魚，出水就煮來吃，耽誤一秒都要跺腳，一面又對着鹽水煮過的隔夜海洋雜魚愛得深切，還起名「飯」，每日必須的意思。魚飯，說的是一經出水，不開膛去鱗，立即用鹽水煮熟晾涼的各種海洋魚類。據說，這樣的做法最能保持魚的原味。

魚飯的主角是油脂豐富、刺少肉多的各樣海魚，從最廉價的青花魚到豪華的蘇梅、龍蝦、紅蟹，無所不包。在任何一個餐廳或大排檔，都能看見數十個竹籃一字排開，擺滿不同種類的魚飯。可以就早餐粥，可以宵夜，也可以宴客。

魚飯起源自潮汕舊時的漁民，出海打漁剩下的魚不好保存，就把魚裝在竹籃裏，撒一層粗粒的海鹽，放進鹽水裏煮熟，晾涼，可以吃好幾天，就是魚飯了。這種只用鹽的極簡料理方式，反而讓魚本身的滋味增強，魚肉也更細密緊緻。慢慢品來，油脂香伴隨着絲絲縷縷的魚肉，一點不做作，比起熱食的鮮魚，又是一派質樸的大氣。有愛吃那青花魚飯的，微酸粗糙的魚肉不算鮮美，但特有的腥香搭配鹹鮮的普寧豆醬和一碗白粥，卻清新俊朗得像一幅焦墨的山水畫。

潮汕附近海域物產豐富

東星斑魚飯 | 爾飯

爾飯 | 魚飯中有一款叫做「爾飯」的，是用飽卵的小烏賊做成。按潮汕的海域，烏賊歷來算是海產品的大宗。在烏賊產卵的季節，其腹腔往往都塞滿了墨斗卵。除去墨汁做成魚飯，吃起來外層魚肉微鹹帶回甘，裏面濃香糯軟又黏牙，簡直是下酒的恩物。

凍蟹 | 凍蟹也是魚飯的一種，原本是潮汕最尋常的漁家小菜。小蟹拿鹽水煮過了，隔天吃，肉更緊更甜美。到了香港，就用了大隻的花蟹和紅蟹來做，成了酒樓大菜，風潮影響到內地，就讓大家都認為潮汕人就那麼吃了。其實在潮汕碰上妙極的好蟹時，通常有兩種做法，一是清蒸，淋上雞油；一是將豆醬碾碎，焗出香氣四溢的豆醬焗蟹，再或者就煮成蟹粥。倒是少有人拿去做凍蟹的。

魚飯與生活之趣 | 汕頭街角轉彎處路燈下面，一杯酒，一條巴浪魚飯，一個穿着拖鞋的男子坐在昏黃的燈下靜靜地吃過幾十年。路邊的單車換成了寶馬（BMW），青年變成了老人，魚飯下酒的那份閒情卻是拿全世界來也不換的。不曉得魚飯對潮汕人有多重要，不管走到哪裏，他們都要想方設法做來吃。大概魚飯就是潮汕的生活，有着不加修飾的純粹味道，又像功夫茶一樣，不分階層不論場所，有那一口，坐在哪裏都是一個小宇宙。

記得八卦周刊還專門寫過潮州人李嘉誠天天早飯吃巴浪魚飯就白粥。巴浪魚也就是秋刀魚，做成魚飯三五塊錢一條，是街頭宵夜最普通又最耐人尋味的一款。看潮汕人獨自吃巴浪，就像一人守着個寶藏，大概懂得欣賞巴浪魚飯的滋味，也便懂得了潮汕的生活吧。

普寧老豆醬 │ 「潮州打冷」中的魚飯雖然以彰顯食物本味為主旨，但真正擺至桌面上時還是需要蘸豆醬的。潮汕的普寧豆醬用黃豆、麵粉和食鹽為原料經發酵而成，外觀色澤金黃，黃豆瓣兒片片可辨，滋味更是鹹鮮平正，馥郁甘芳。用來蘸魚飯，鮮美無比，可以說一味小小的豆醬，帶出了潮汕調味的精髓。

街頭宵夜挑選魚飯 │

6 九節蝦

九節蝦多見於福建以南地區，尤其是廣東人愛吃的海鮮之一。在廣東，這種蝦和沙蝦、大頭蝦一樣，都是飯桌上的常客。不過無論它被叫做九節蝦、花蝦還是鬼蝦，真身其實都是虎斑蝦。

在廣東一帶，最常見是褐色虎斑蝦，被廣東人叫做「鬼蝦」。漂亮又鮮活的九節蝦在其他地方並不多見，因為傳說這種蝦性格剛烈，一上水就會吐出分泌物，令自己死亡，讓喜歡嚐鮮的人不得染指。但其實，這個傳說，僅僅是傳說而已。

真實的情況是，九節蝦會令人有這種錯覺，全因運送九節蝦非常不容易，運輸令它們受驚過度，同時又因為腦袋上的尖刺實在過於鋒利，於是很容易就刺穿彼此沒有軟甲保護的腹部和頭腦接縫處，令它們身體裏由於受驚或是新陳代謝而形成的氨流出，黏黏稠稠地沾在身上，使死亡率大增。因為不好運輸，所以在很多地方的海鮮市場上，很難看到活蹦亂跳的新鮮貨，尤其是 100 克以上的，只有好吃的廣東人近水樓台，大飽口福了。

九節蝦的殼硬肉爽，椒鹽不易入味，一般人常會白灼。由於殼硬且肉質比較有韌性，就連白灼起來都比一般蝦更講究火候，燙得太熟就口感全無了。每年的 2 月至 4 月和 8 月至 11 月是九節蝦產卵期，這時候的蝦最肥美，蝦頭還有甜美的蝦膏。如果想吃有膏的九節蝦，記得看蝦的脊位，有膏的蝦沿着脊位有條青色綫，沒有膏的則是紅色的。

如珠寶般美麗的九節蝦

九節蝦的野生環境

吃九節蝦粵人要看蝦的自由度和生活地。自
由度就是看蝦是否野生，味道以野生為上。
野生的蝦花紋呈深紅色，而飼養的則色淺很
多。另外海鮮分為鹹水海鮮和淡水海鮮，鹹
水的味道鮮甜但肉質較粗，淡水河鮮味鮮肉
滑，但肉質不結實，只有鹹淡水交界處——
也就是河流入海口的地方所產味道甜美又不
失口感，鹹淡水交界處在廣州附近的就是南
沙新墾一帶。南沙新墾所出的鬼蝦，和奄
仔蟹在同一個海塘生長的，吃的是被蟹鉗夾
碎的海貝、海蠔，都是天然海產。由於是在
鹹淡水處長大，加上浪多，浮游生物及氧氣
也足，因此此處所產的蝦肉質最靚，脆爽帶
甜，而且最大的可以長到 100 多克一隻。

挑選九節蝦

雙味九節蝦

一隻蝦被分成蝦頭和蝦肉兩部分分開烹調。
身上的蝦殼因為又硬又厚，被去掉取出蝦肉
做成芥末味的蝦球，盡得爽脆的口感。充滿
蝦膏的蝦頭被放入熱油鍋中快炸，加上調味
汁，外殼香口酥脆，內心又可以吮出鮮甜的
蝦膏，原味一絲也不浪費。這樣兩種吃法被
組合在一份菜餚中，讓人徹底地享受了九節
蝦的美味。

雙味九節蝦

7 花錦鱔王

錦鱔是南粵冬季獨有的極品美味，原產番禺。野生花錦鱔只長在珠江三角洲的入海口，一條 6 公斤的花錦鱔在香港賣價過萬，想吃還要看緣分。如果長到近 20 公斤，那就是萬金難求的「珠江花錦鱔王」了。它巨大粗壯勝過鰻魚，肚皮上有銀白色如同織錦一樣漂亮的花紋，飽食鹹淡水交界處豐富又肥美的各種魚蝦，並且終日有激蕩碰撞的水流幫助其運動，肉質自然不同，加上生長緩慢，不易捕捉，要吃到貨真價實的珠江花錦鱔實屬走運。

花錦鱔的口感非比尋常，鰻魚跟它比太過肥膩鬆軟，鱔魚遇到它只嫌單調無味。將其切片白灼，滑膩的厚皮嚼來脆爽響亮，皮下甘香如飴的膠質油脂和緊緻細嫩的鱔肉鮮甜得令舌頭都要化掉。如今，識食的香港人還是會執着地在冬季專門到番禺鄉間尋味，畢竟吃一條少一條了。

花錦鱔王菠菜羹

老香黃

一走進潮州涼果舖，最吸引人的一定是漆黑如墨、狀如手掌的「老香黃」。這個看似神秘的涼果前身是佛手柑，用潮汕古法製成，大則幾斤，小則幾兩。經過醃製、曬乾、蒸熟、加蜂蜜甘草等藥材再醃製，幾醃幾製的複雜工藝之後，封在瓦甕中陳年，最後變得漆黑中泛着柔和的光澤，用手一拈就軟爛，這才拿出來售賣。

一塊超過十年的老香黃價值勝過山珍海味，因為在當地人眼中，老香黃是上好的藥材，用老香黃來泡水製成涼茶，不但有佛手柑的清香，更有豐富細膩難以分辨的回甘和醇厚味道，喝一碗下去，頓時四肢百骸都通暢，每個毛孔都打開，飯前飯後還可以增進食慾、幫助消化、理氣化痰，有點小病都可以不藥而癒。陳年時間越久藥效越好。

蝦子柚皮

要說當今中餐最風流的菜系，粵菜肯定會榜上有名，而要說粵菜最具代表性的菜品卻非蝦子柚皮莫屬，因為這道菜品不止集合了粵菜所有烹調技藝的精華，而且把看似下腳料的柚子皮做到極致的美味，這對食材與烹調技術都有着極高的要求。

柚子皮必須選擇廣西沙田柚的厚皮，經過多重繁瑣的加工後還需要以高湯微火長時間地燜煮，這樣才會去除柚皮本身的苦澀味道，令其像海綿般充分地吸收高湯的精華，最後再用優質的蝦子灑在其上讓柚皮散發出無與倫比的香氣。由於蝦子柚皮正是粵菜的永字八法，所以會點的人都會被廚師投以識貨的眼光。

10 鵝油飯

一碗香噴噴的豬油加生抽的撈飯，曾經是多少人一提起來就忍不住思念的家常味道，然而如果吃過鵝油飯，那豬油撈飯什麼的一定會馬上被忘到九霄雲外。鵝油飯是用覆蓋着濃香鵝油的潮汕滷水鵝肉的滷水汁來拌新煮的米飯，固定搭配還有一碟鵝肉和一碗苦瓜湯。極簡單，連嚐遍美食的老饕都可以連吃兩碗。

滷水鵝汁有叫人無法抗拒的香氣，各種香料的氣息完美地融合在甘香肥美的鵝肉中，特別是被澆在熱騰騰的米飯上，鵝汁被熱度一蒸香氣更是肆無忌憚地散發出來抓人胃口，沒有豬油的濁氣，超越生抽的單調，吃得人彷彿腋下要生出翅膀來。一口飯一口鵝肉，再喝一口滾燙的用豬排骨和苦瓜燉成的清涼解膩的清湯，越吃越香，不能罷手。

潮汕滷水鵝

潮汕滷水最有名的莫過於滷水鵝頭，一定要選澄海獅頭鵝，這種鵝體形大，大的鵝能達到10公斤。每到農曆二月至六月為盛產期。以青草、米飯、飼料餵養，其頭部的肉瘤及內垂發達。頭大形像壽星頭，鼻大、頸粗、腳掌大，外觀似獅頭。

用潮汕傳統滷味來製作，滷好的鵝油亮金紅，煞是好看。食之甘美爽口，味香肉酥，腴而不膩，入口即酥，骨髓香滑，叫人難以忘懷。鵝頭最珍貴，售價也最高，掌翼和鵝肉就更為家常。

| 滷水鵝掌翼

汕頭牛肉丸

周星馳電影中的爆漿撒尿牛丸，真正的金身是潮汕手打牛肉丸。吃牛肉丸要到汕頭去，那裏的牛肉丸都是用當天新宰的黃牛腿肉，人力打製而成，打好的肉漿會被秘密調味，每個店家都有自己的調味秘方，於是風格各異，各有「粉絲」。調味以後，就可以製丸。用手抓起肉漿握緊拳頭，從拇指和食指間擠出一丸肉來，用湯勺刮進一盆滾水中，燙熟後就是脆爽的潮汕牛肉丸，可以裝筐出來賣了。常見的是牛肉丸和牛筋丸。

街頭牛肉丸湯，加粿條或者不加，用一大鍋牛骨牛肉湯現煮丸子，不用白水，為的是加強牛肉香氣，放上幼嫩的豆芽和芹菜末端上桌來。汕頭風格貫徹到底，沙茶醬或辣醬，由自己選擇。那碗肉丸，就是自信滿滿的牛肉味，吃在嘴裏刀光劍影地牛氣沖天，不許一點香料壞了它的金身。

潮汕地區的代表建築

手打牛肉丸粉麵

軟漿、中漿和硬漿

汕頭人已經將牛肉丸的彈區分為軟漿、中漿和硬漿了。根據調配配方肉丸含水量的不同，彈與彈之間也分出了級別。軟漿是目前最流行的，因為含水多，在脆爽之餘有點鬆軟，滋味香濃，人見人愛。中漿咬開之後幾乎沒有氣孔，需要嚼啊嚼啊才有牛肉香源源不斷散發出來，是汕頭本地饕客的最愛。至於嚼到下巴都要脫臼的硬漿牛肉丸，個性超強的硬漢才會去挑戰了。

手打的氣勢

想看手打牛肉丸，必須在下午 3、4 點，因為這個時刻店家才可以把當天清晨宰好的牛肉帶回來，分割好，將牛腿整塊的肌肉留出來，做打牛肉丸用。那肉躺在案板上，發出暗紅色像寶石一樣的光，像金槍魚（吞拿魚、鮪魚）一樣漂亮，而生氣還未盡，神經看起來還在顫動。幾個赤膊的少年，圍坐在一個老樹椿周圍，手中揮舞着尺把長的鐵棒，面呈方形，每根 3 斤重，左右開弓，劈啪打在牛肉上，牛肉並不切割，而是順着肌肉方向打成紅色的肉漿為止。十幾個人同時開打，一時間棍棒齊飛，眼前白光茫茫，有金大俠最愛形容的刀劍氣，那劈裏啪啦打在肉上的聲音，聞者膽寒。只有這種方式，才能造就獨一無二的彈牙感。

12 中國水牛奶

養水牛是順德農家的傳統，大良的金榜村是其中翹楚。這些水牛農閒的時候被拿來擠奶。太會烹飪的順德人創造了雙皮奶、燉奶、牛乳餅、炒牛奶等美味。由於水牛奶特殊的質地和香味，離開順德，用普通牛奶就做不出這些味道來。不過養水牛的人越來越少了，就連大良本地的仁信、民信等等，都成了給外地人吃的品牌。但真正懂得吃的人，會專程開車來大良喝水牛奶。新鮮水牛奶都是當天擠出來的，因為量少，連廣州都喝不到。

與那些包裝牛奶截然不同，新鮮水牛奶沒有保鮮劑，沒有利樂裝，沒有增稠劑，沒有香精，甚至沒有草香沒有陽光白雲的味道，只有奶味、扎實香甜的水牛奶味。水牛奶很香濃，幾乎有點濃稠，叫人喝了一瓶還想喝一瓶。

順德小店售賣當天的新鮮水牛奶

人間美味100道

30

水牛奶的營養

水牛奶中所含蛋白質、氨基酸，乳脂、維他命、微量元素等均高於黑白花牛奶，最適宜兒童生長發育所需，其含鋅、鐵、鈣、氨基酸、維他命特別高，是老幼皆宜的營養食品。據專家研究，水牛奶的乾物質含量是18.9%，分別比黑白花牛奶及人乳高19%和27%；蛋白質和脂肪含量分別是黑白花牛奶和人乳的1.5倍和3倍。水牛奶乳化特性好，100公斤的水牛奶可生產25公斤芝士，而等量的黑白花牛奶只能生產12.5公斤芝士。

雙皮奶

雙皮奶的精髓便在於水牛奶。拿勺子舀起一勺凍雙皮奶，什麼細滑水嫩，薄如蟬翼吹彈可破，通通是假的，這明明是一碗芝士雪糕。雙皮奶的那兩層皮才不是什麼皺皺香香紗衣般的奶皮，而是實實在在厚厚棉襖般的東西，吃到嘴裏香醇粗糙，又壯碩又美好。夾在奶皮中間的是緊緻有彈性的燉奶，飽含濃縮了許多倍的奶香，真實得讓人彷彿看見一頭樸實的牛來。這便是真正的水牛雙皮奶了。

牛乳

以前聽說牛乳是又鹹又酸難吃至極的東西，就幾乎斷了要嘗試的心，然而在廣東順德大良買的一瓶紙錢狀的大良牛乳，夾幾片放在快要煮好的東北新米飯上，飯煮熟，牛乳也融化了大半，於是有了牛乳香、米香以及微鹹的難以捉摸的口感，好吃。

牛乳是順德特產，口感跟 Mozzarella 芝士差不多，薄如紙並且壓着傳統花紋的造型，放在米飯上面怎樣都合適。牛乳需要手工製作，費時費力，將牛奶倒入裝有白醋的小杯中凝固，然後將成團的牛奶倒入模具中，抹平再將牛奶裏的醋壓擠出來，最後輕輕掀出牛乳片，放入鹽水中浸泡，才有了一片薄薄的牛乳。只有如此製出的牛乳才好吃，現在已經是奇貨可居了。

金榜牛奶店

雙皮奶

牛乳

13

廖孖記腐乳

大概每個人出生的地方都有一種主流腐乳，屬於某個地域，很少流傳到異地，有點私人化的意思，比如北京的王致和臭豆腐、廣州的廣合腐乳、桂林的花橋腐乳。就像歐洲散佈各處不同口味的芝士，它們都有些特殊的臭味，又幾乎都很好味，而且無一例外地具備了當地飲食口味的特點，偶爾嚐到不同種類的腐乳，就像吃了別人的私家飯菜一樣有趣。

這個不起眼的中國方塊讓一碗白粥有了變化無窮的滋味，讓夏季煩躁的味蕾獲得片刻的解脫，令被宿醉折磨的腸胃得到安慰，它隱藏在被人忽略的日子裏，和兒時家中的中式早點、病愈後母親的清粥小菜一起存在我們的味覺記憶中，以不同的形態和口味成為中華生活的一小部分。

而如果非要從腐乳裏面選一款至貴至高級的話，廖孖記可說是實至名歸。1905 年在香港始創，一直受到眾多食家和名人的擁護，並且出口到很多國家。它一直堅持在家庭老舖用傳統方法手工製作，一瓶腐乳密封發酵至少半年，才供出售，以保證香味和夠綿軟。這種家庭式的老舖在淘汰率極高的香港碩果僅存，只寥寥幾家，可見其產品實力之強大。

腐乳的回憶

腐乳做菜

腐乳可以被用來做調味品。粵菜中「南乳排骨」、「椒絲腐乳炒通菜」、「南乳花生」、川菜的「南乳扣肉」，南方的「清燉羊肉」、「竹枝羊腩煲」都會用豆腐乳調製的蘸醬來配滑韌的帶皮羊肉塊，客家人在炒蔬菜時會加入黃豆米曲豆腐乳燜煮調味。而北方人在包素餡餃子的時候，會在餡裏拌上玫瑰腐乳，可以讓味道更鮮美，至於涮羊肉的神奇蘸料裏更少不了王致和玫瑰腐乳了。如果要更時尚，可以拿來拌麵或者做火鍋湯底，甚至可以跟燻肉、奶油一起煮成意大利麵的醬汁，如何發揮全看想像力。

腐乳成熟時

新製的腐乳一般都會比較硬，尤其是內心還會保持豆腐的硬度和生澀口感，只有經過至少半年的發酵，腐乳才會變得順滑和綿軟，臭豆腐的氣息也會慢慢轉變成醇厚的特殊香氣。例如完全浸在紅油中的雲南油腐乳，只要保存得當，陳年兩三年之後獲得的細膩和香美，猶如開了一瓶成熟的波爾多葡萄酒，是新製的完全無法比擬的。

各地腐乳

北京王致和臭豆腐

令人掩鼻的臭氣卻是某些人心中的最愛。

原產地　　　北京

外觀　　　　青綠色的方塊，上面偶爾會有深綠色的黴菌，內心是淺淡的灰綠色，「青方」兩個字概括足矣。

口味　　　　蛋白質腐敗以後的氣味，可以飄幾十米，湊近了聞就要窒息。入口卻妙不可言，若隱若現的奶油味和難以言傳的鮮美是其他腐乳所不能及的。

最佳搭配　　與清爽的白粥是最回味無窮的簡單搭配。用來抹在炸饅頭片或者烤吐司上有奇妙的效果。

雲南天台油腐乳

油腐乳的代表，浸在紅油中，酥得一碰就碎，乾淨的香辣味。

原產地　　　雲南牟定

外觀　　　　淺黃色清澈的油裏面泡着裹滿辣椒外表鮮紅的腐乳，清爽
　　　　　　乾淨，腐乳一碰就碎，內心乳白色，還有新鮮豆腐的柔嫩。

口味　　　　辣椒的香味比較明顯，水分充足，沒有經過陳年的，有豆
　　　　　　製品的特有鮮香味，總體感覺味道直接而不複雜。

最佳搭配　　加上辣椒面、花椒面和香菜、香蔥就能做成腐乳蘸水，蘸
　　　　　　清燉山羊肉是一絕。抹在白饅頭上也鮮辣惹味。

四川海會寺白菜腐乳

包在白菜葉裏的腐乳有獨特的麻辣鮮香味。

原產地　　　四川成都

外觀　　　　大塊的腐乳被醃白菜葉包裹住，浸在紅油中，上面覆蓋一層
　　　　　　蠶豆製成的四川豆瓣醬，剝開一塊，深杏色的內心細密緊實。

口味　　　　腐乳裏外都有寬廣深厚的豆醬香，嚐得出醃白菜的鮮美和
　　　　　　辣味，厚實，回味有一絲不易察覺的酸味。

最佳搭配　　泡飯，相比於白粥的滑軟，泡飯簡單清爽，不但解辣，略
　　　　　　有一點硬的米粒口感更能承接腐乳醇厚的味道。

黑龍江克東腐乳

與眾不同的細菌發酵方式，特殊的芬芳香氣持續綿長。

原產地　　　黑龍江克東

外觀　　　　深紅色，浸在濃濃的紅色湯汁中，散發出類似楊梅混合花
　　　　　　的香氣，腐乳表面沒有黏稠的那一層，比較清爽。

口味　　　　中藥材的香味和特殊的芳香味道很明顯，鹹鮮味重，幾乎
　　　　　　沒有什麼甜味，回味非常深厚持久，水果、花香、酒香層

層展開，耐人尋味，與其他腐乳都不同。

最佳搭配　　抹在東北的粗糧麵點上立刻香氣四溢，與印度拋餅或中東的皮塔餅搭配別有風味。

桂林花橋白腐乳

袁枚在《隨園食單》中誇其為「中國最好的腐乳」。

原產地　　　廣西桂林

外觀　　　　浸在透明的三花酒湯汁中，寸餘見方乳白色的腐乳塊，外面包裹着一層清澈透明的膠狀物質，有與眾不同的清爽和意境。稍微保存不當這層膠質就會變黑。

口味　　　　外表滑膩，內心細膩非其他種類的腐乳能及，淡淡的米酒香和細微的新鮮稻草的香味，各種味道配合均衡化為無形，到舌尖有一種即刻消失不見的觸感。

最佳搭配　　白粥或是加入辣椒和蔥末製成羊肉湯的蘸水。

醉方腐乳

紹興花雕酒的萬般滋味被小小一塊腐乳吸收，回味無窮。

原產地　　　浙江紹興

外觀　　　　乳白色的小方塊腐乳浸在透明的酒液中，非常清爽。

口味　　　　最與眾不同的腐乳中蘊涵的紹興花雕酒的香氣，在湯汁中、腐乳裏若隱若現的蜂蜜、紅棗、中藥、香料的複雜香味其實只是來源於紹興最有名的花雕酒，細細嚐來還有一絲微苦和澀味，卻沒有酒的味道，耐人尋味。

最佳搭配　　用腐乳汁燒肉或者蒸豆腐，是流傳於當地的吃法，深遠的回味配白粥也很好。

台灣黃大目黃豆米曲豆腐乳

黃腐乳甜得很喜人，甜過之後一層層的回味耐人尋味。

原產地　　　台灣

外觀　　　　一層金色的黃豆粒覆蓋在深黃色的腐乳上面，腐乳方塊很
　　　　　　小，一碰就碎。內心的顏色黃得令人聯想到蜂蜜。

口味　　　　因為加入米曲使得腐乳有酒釀的蜂蜜香和醇厚的回味，是
　　　　　　相當喜人的自然甜味，其中又蘊涵着茴香等各種香料的味
　　　　　　道。

最佳搭配　　配熬得很黏的白粥。如果不喜歡嚐到辣味和臭豆腐的氣味，
　　　　　　這一種剛剛好。拿來當果醬抹在烤吐司上也不錯。

廣合腐乳

鹹鮮，嫩滑，老牌的廣東腐乳。

原產地　　　廣東開平

外觀　　　　乳白色的小方塊，浸在清澈湯汁中。

口味　　　　內心綿滑，清爽中帶點腐乳特殊的黴味，鮮味十足，沒有
　　　　　　複雜的香料味，更多是腐乳自身發酵的口味，所以不同時
　　　　　　期品嚐會有不同的味道。

最佳搭配　　淋上麻油會豐富廣合腐乳香味的層次，配綿滑的粵式白粥
　　　　　　最好，也可以炒菜或做成火鍋底料。

14 頤和園高級蠔油

中港台最貴價格的醬油品牌「頤和園」，其實不止賣醬油。這個香港醬油老字號出品的蠔油其實也非常厲害。主理人曾老太以一貫的化工專業知識調配蠔水與鹽水的分量，能以最大程度的蠔水製作蠔油（蠔油是由煮蠔的蠔水熬製濃縮而成，蠔水越多，蠔味越濃），不用添加味精、澱粉，所以她的蠔油蠔味最濃，只要打開瓶蓋，就能感受到它的香濃醇和。當然價格也是比較貴的，但用來蘸點、燜海味的確有提升口味的作用。

「頤和園」牌蠔油

15 吳氏黑麻油

吳氏黑麻油

外國有黑松露油這些名貴的調味用油，而中餐除了芝麻油以外就好像找不到什麼較為「名貴」的調味用油。其實在台灣省崁頂鄉還出產一種黑芝麻油，雖然聽起來與平常的香油沒什麼太大的區別，可實際上這家島上第一家芝麻油廠所產的黑芝麻油確實非同凡響。

這家日治時期唯一獲得芝麻油製作牌照的芝麻油廠，如今已經傳到了第五代，其用的不單是百年傳承的傳統工藝，在炒與壓榨方面都一直維持手工製作，加上用料也是當地最原生態的黑芝麻，所以其氣味濃郁雅緻，充滿堅果的香氣，口感則淡雅清爽，一點都沒有想像中油脂的油膩。將其用作沙拉的調味油，只需幾滴就能令蔬菜充滿誘惑力，那微妙的可可香氣更是令從小吃沙拉的老外吃得目瞪口呆，而在簡單的菜品上更會令味道充滿張力，比起松露油太過複雜的味道，又多了一種更適合我們味覺習慣的味道。

16

鳳梨釋迦

在夏末秋初的熱帶水果當中，釋迦可算個性十足的一種，一來因為它凹凸如同佛頭的外表，二來因為那極具穿透力和個性的香味，與榴槤、菠蘿蜜有得一拼，不但讓人聞到難以忘懷，各種小蟲在它生長期間都不敢靠近。我們常會看到包裹得十分嚴密的釋迦，吃起來寡淡如同吃蘿蔔，那是因為熟透的這種水果一碰即破，蜜流滿手，幼嫩得很，所以鮮有天然熟透後再運往外地的，要吃到一口熟透的香噴噴的釋迦，非要到好產地去。

台灣鳳梨釋迦最特別，除了外形有點像鳳梨（沒那麼像佛陀的髮型了！），味道也滲有淡淡鳳梨味，跟其他地方的出產完全不同。鳳梨釋迦在台東地區特別好吃，每年 7~9 月

成熟的釋迦香氣獨特

當令，因為產量並不算很多，僅供當地人享用，一般能出口的數量是微乎其微，甚至於在台北已經不容易買到，所以，有機會碰到就千萬要買個來試試。那種無法言喻的神秘香味會遍佈空氣中的每一個角落，將人緊緊包圍，輕輕一碰，軟滑得像融化的芝士一樣的淡綠色果肉就會緩緩地流淌出來，只好拿一把勺子，小心地舀出來吃，滿口的甜蜜和清香，叫人難忘。

17 螃蟹脚

生長中的螃蟹脚

「螃蟹脚」又稱「茶精」，是一種罕見的寄生蘭植物，它只能寄生在 400 年以上樹齡的野生老茶樹上，雲南也僅有瀾滄江原始森林景邁茶區有生長。那裏的千百年樹齡的古茶樹遮天蔽日，被當地少數民族神一樣地崇拜愛護，古樹上長滿了苔蘚、藤蔓、野生菌類和許多寄生蘭花。

螃蟹脚碧綠可愛，長得與螃蟹的脚十分相像。它從老茶樹上汲取養分，當地人相信它能吸古茶樹的靈氣，自己也成精了，用它泡水喝，可以解百毒。如此苛刻的寄生條件令野生螃蟹脚可遇而不可求，採摘非常困難，產量非常少，比冬蟲夏草更為珍稀。常飲用可防止血管硬化。用於消炎，治療胃病、糖尿病效果也很好。用曬乾的螃蟹脚來燉湯，透明清爽的湯水會變成淡淡的琥珀色，細細一聞有一股若隱若現的梅子清香，恍若置身脫離凡間俗世的古茶山間一般。

18 凍乾松茸

凍乾松茸片

十來片雪白如紙的凍乾松茸片，動輒數百元，然而只要試過，便會驚訝於它的魅力。燉在清雞湯中，馬上變回與新鮮的幾乎沒有差別的樣子來，聞起來純淨得如同陣陣松濤拂過，叫人身心俱爽。現在已經變成高級餐廳廚房的新寵。

以前國內松茸多數是簡單地曬乾或者烤乾，水分不能全部蒸發，日後容易長蟲，並且會吸收很多雜質，比如會有炭火的烟燻味，口感不好。凍乾是目前最先進的處理松茸的技術，通過液體氮快速低溫真空脫水後，松茸變得輕薄如紙又絲毫不損壞原來的外形和色澤，可以最大限度保存新鮮松茸的色、香、味、營養成分，而且具有良好的復水性。因為技術要求高，只有選擇形狀和品質都上佳的新鮮松茸才可以加工出完美無瑕的乾品來。

19 漆樹油燉雞

在嚐過氣味特別、口感濃郁的漆樹油燉雞之前，對這個組合的猜測總是免不了聯想到牆壁和刷子。而當熱騰騰的一碗端上來，那捉摸不透個性強烈又不討人厭的香氣，完全無法用言語形容。濃稠的汁液滲透到雞肉中，混合着雞肉的鮮美和草果大蒜的香氣，竟然是全新的奇妙的味覺體驗，喜歡的人會欲罷不能，非要將碗底最後那一口湯汁都拌到米飯中吃光為止。

用漆樹油燉雞是雲南怒江少數民族的特殊風俗，怒江邊的少數民族，到峽谷中取原始漆樹的種子，用古法榨出樹子油。這種植物油遇冷很容易凝固成巧克力般堅硬的樣子，化開後又像牛油一樣，聞起來好像一個裝滿芝麻和栗子的古董刻花木櫃，又像有棕色野馬跑過的險峻山崖。可以隨身携帶，在山間做飯或長途旅行時取出來加熱，它會變成半透明的油脂液體，可以燉肉類、製作油炸食品、炒菜，與一般植物油用法無異，但滋味十分獨特，而且當地人相信漆樹油有藥用的效果，常常被當作招待客人的好東西。

怒江怒族和傈僳族人的櫃子裏，鄭重其事地為貴客存着一塊塊黑白兩色的漆樹油，你若是上賓，主人就拿出一塊，放在鍋裏轉幾圈，取够融化的油，用來做湯、燉雞，視為大補，油越多，越補。餘下的，又藏起來。漆樹油燉雞可以加強雞肉的酥爛和鮮美，兩者堪稱經典搭配。

漆樹油

漆樹油燉雞

竹筒酒

20 竹筒飯和竹筒酒

中國產竹，所以很多地方都有吃竹筒飯的習慣，比如在西雙版納的傣家。西雙版納盛產香竹，竹筒飯也成為當地具有代表性的食物。吃竹筒飯，古已有之，相傳至今，已是人生不可不嚐的美味。竹筒飯最精彩和讓人期待的地方，也許就在於剖開竹筒，包裹在米飯上的那一層竹衣，連起了竹香和米香，既美味，又生態。咬上一口，軟糯細膩中隱隱清香，或許從此之後，迷戀於此的我們不再用碗吃飯。

至於竹筒酒，棄土罈而用竹筒釀酒，是雲南水酒的特色。打開竹筒蓋，酒香中帶着竹香，未喝人要先醉倒了。除了水酒是在竹筒中釀製之外，竹筒還可以當做盛放米酒的容器。古書上説竹子「涼心經，益元氣，除熱緩脾，養血清爽」，即便是當做器皿，也同樣在點滴間守護我們身健體康。淡淡的竹香與米香十分和諧，喝一口，清甜、醇和，生活回歸這樣的簡單原始，才會除去焦躁的煩惱。

竹筒飯

21 銅鍋抗浪魚

面朝碧藍的雲南撫仙湖吃銅鍋抗浪魚，是一大享受。銅鍋魚講究好魚、好水、好鍋、好蘸水，有了撫仙湖的野生魚，還要用撫仙湖水放在造型矮胖、有兩個大耳朵的銅鍋裏煮。紅銅鍋、湖水，一點蔥、薑，甚至不放鹽，再無其他。大火煮開，低溫燜熟，煮出來清澈透亮的魚湯裏魚肉雪白地臥在鍋底，綠色和一點點黃色就像極簡的點綴。

真正講究的，是蘸水。除了魚好，家家都在拼這一碗蘸料的滋味，又説祖傳的，又打出某政要好評的，是為吃銅鍋魚一景。幾種都有原產地冠名的又乾又香的堅果和香料，跟豆瓣醬一起炒成發黑的醬紅色，加上小米辣、香蔥和芫荽，香氣撲鼻。喝罷清湯，夾一塊彈性極佳的魚肉蘸點蘸水，滿嘴都是難以名狀的乾香辣味，額頭滲出細細的汗珠，卻又還是辨得出魚的鮮甜。撫仙湖裏長大的魚，確實無比潔淨，絲毫沒有魚腥味，反而有隱約的清香，極妙。

撫仙湖裏的抗浪魚

雲南銅鍋魚

撫仙湖抗浪魚

撫仙湖離雲南昆明不過 60 公里，通常叫做澄江，是中國第二深的內陸湖。寬闊、
獨特深藍色看不見底的撫仙湖，遠看就像一大塊寶石，又像天空被倒扣在壩子裏。
清澈得沒有一絲雜質的冰涼湖水，連見慣原生態美景的雲南本地人，都嘆為觀止
奉為神造。

環湖的山上埋着些驚天動地的秘密——寒武紀生物大爆發的遺物。湖南邊的李家
山，出土過不少漢代的青銅器，是古滇文化的核心地帶。又因為撫仙湖水溫低，
魚長得強健有力又甜美，一掌長的抗浪魚細鱗小刺肉鮮嫩，是撫仙湖特產魚的一
個神話。這種魚珍貴異常，動輒千元一斤。因為無法養殖，當地漁民也只能用古
代的車水捕魚的方式在湖邊捕撈。山上的泉水從魚洞流入撫仙湖，到捕魚的季節，
當地漁民用木水車把泉水引出，經過溝道流入湖內，爭強好勝、喜歡清水的抗浪
魚便群集搶水而上，鑽入了漁民們預先放置在流水溝道裏的竹籠而被捕獲，這種
古老的捕魚方法歷代沿襲，稱為「車水捕魚」。

手工紅銅鍋

用銅鍋煮魚，是澄江撫仙湖邊漁民千百年來的傳統，大概銅鍋低矮平底，很適合
放在漁船上抵擋住湖面風浪帶來的搖擺，就算隨便在哪兒靠岸，漁民也可以很方
便地拎着鍋，拾 3 塊石頭搭灶燒火做飯。銅鍋那兩個圓形的大耳朵，拉開來剛好
可以把裝蘸水的碗放在上面，實在是居家野炊的良品。據說這樣一個手工打製的
紅銅鍋，老的工藝至少要手工敲打一萬錘，鍋身上斑斑點點的敲打痕迹均勻又漂
亮，甚至連鍋邊都是手工敲打出來，用手摸起來一點也不粗糙，淺淺的凸凹感覺
之外竟然是順滑。做銅鍋是個辛苦的力氣活，需要四五天才可以打出一口鍋來，
需要耐心和手藝。如今在澄江附近，會這樣手藝的人已經越來越少，更多的變成
了機器鍛壓，村裏叮叮噹噹的聲音也漸漸絕迹了。

22 樹番茄喃咪

喃咪在雲南西雙版納傣族語言裏的意思就是蘸醬，因為天氣熱，傣族人喜歡生吃蔬菜瓜果，還有煎炸燒烤的肉類，於是產生了出神入化的酸味蘸醬。傣族最尋常的喃咪就是樹番茄喃咪，樹番茄顧名思義是長在樹上，乒乓球大小，是兩頭尖尖的形狀，熟了也是紅色，但是酸得叫人五官打結。這種奇怪的番茄經過炭火慢烤熟以後，就會有一種特別鮮美的香氣，還會有黏稠軟糯的質感，而且並不像尋常番茄一樣多汁，所以傣族人會將炭火烤到焦黑的樹番茄去皮，細細切碎用它做醬，混合緬芫荽、香柳、小米辣椒、姜、紫皮蒜末來製成喃咪，酸辣鮮美中帶着燒烤的香味，與一切烤製和滷製的葷食都是上好的搭配。

樹番茄也有微酸的品種，可以趁着新鮮摘下來，切成塊做沙拉，清爽的香氣和酸味會打開夏季疲憊的胃口。其實在熱帶，一切蘸料都有可循之規，通行小米辣，通透發散的生辣，最適合濕熱地方；香辛料也特別，大芫荽、丕菜之類，富含揮發油，殺菌效果也相當不錯；酸味多取自檸檬、樹番茄、乾醃菜；苦味盛行，像撒撇蘸水，其清苦的味道，取自牛的盲腸汁液和一種俗稱香柳的紅辣蓼葉，是極寒的東西。

....

如何製作樹番茄喃咪

樹番茄喃咪（2 人份）

配料　樹番茄 3 個、緬芫荽 1 根、香柳 1 根，小米辣椒 3 個、薑少量、紫皮蒜 2 瓣

做法　1. 將樹番茄放到炭火上，小火烤至表皮微焦，皺起，稍涼後撕去表皮。
　　　2. 將去皮的樹番茄均勻切成碎末，注意不要反覆剁爛。盛入小碗備用。
　　　3. 將洗淨的緬芫荽、香柳、小米辣椒分別切成碎末，大蒜去皮製成蒜泥。
　　　4. 將 2 和 3 均勻混合即可。

關於傣族菜

傣族，最能令人聯想起好菜和好身材。為了吃飯，至少要分清德宏的傣族和西雙版納（景洪）的傣族。比較一致的觀點是，德宏的傣族菜更加豐富，更多融合漢族的烹飪，味道也更好些。西雙版納的傣族菜更注重燒烤，調味也更彪悍，不過大概是天熱怕壞的原因，不少食物都是現吃現做，而且一切只靠手工剁碎，於是傣族產生了出神入化的刀功，名廚也大多是女的。傣族的少女叫小卜哨，小卜哨有仙女身材，普遍形神壓韵，合乎情，發乎理，距天使不遠將近仙，離魔鬼很近而不妖，有東方柔軟親和的秘密張力，自然養眼。雲南重彩畫派拿去一抽象，滿紙綫條流韵，隱約搖曳過鳳尾竹，透出月光，游動着葫蘆絲的纏綿圓潤。

炭烤樹番茄製作喃咪

23 雲南諾鄧火腿

國產火腿中，雲南的宣威火腿名聲最響，然而如今若論品質，最好的雲腿非諾鄧火腿莫屬。大理北部山區，醒目的紅色砂岩中間，散佈着不少鹽井。鹽井之間，古鹽道的網絡縱橫交錯。這樣的地方，多有好火腿。

諾鄧鹽井始於秦漢，最早記載於唐代，據說明代諾鄧井的鹽賦占雲南財税收入的比重已經舉足輕重。現在，諾鄧的鹽灶，已經烟消火冷，灶戶由工商而農耕；諾鄧通往各地的鹽道上，馬蹄聲早已消失，鹽包和貨幣，已經停止流動。還好，諾鄧保留了上好的火腿。在諾鄧，火腿的原材料黑毛和棕毛土豬，一般放養結合飼養。醃火腿的料鹽，就用含有鉀成分的古鹽井鹽水熬製。火腿的醃製，不施錐針，只用揉、壓，以免破壞纖維。火腿跟部開口處，最後要用鹽泥封閉。

諾鄧海拔 1800 米左右，位置恰好在河谷中江水轉彎的地方，氣候溫潤，氣溫適合火腿的深度發酵。成腿分量不大，少有十斤以上的，這樣一來，優點很明顯，鹽分滲透充分，又不會過重。只是材料有限，每年僅可以醃製五六千條新腿。

當地土豬的品種和飼養方式，其實和古代差別不大，並不急於求成；火腿的加工，也慢條斯理，延續手工傳統。山坳裏的火腿作坊，就是當年的鹽坊，面積不小古董不少，環境古樸。那些掛在梁上爬滿綠色斑紋的火腿，也恍若古董。三年多成色的，切開一看，脂肪層薄卻雪白玉潤，游絲深入紅潤老成的肌肉部分，大理石紋理明顯，肌理自然優美。薄切一片，細油沁出，生嚼有濃香——上好的老火腿，其最好的部分宜切片生吃，在雲南這是根深蒂固的傳統吃法。

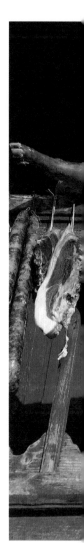

醃製中的火腿和臘肉

| 雲腿月餅 | 煮火腿 | 火腿陳年中 |

特立獨行的高原山豬

唯有豬好，火腿才好。西班牙有吃橡子長大的伊比利亞黑蹄豬，浙江金華有兩頭烏，雲南的山區也不乏特立獨行的高山豬。雲南一些深山區，養上六七個年頭的，大有豬在。迪慶哈巴雪山下的哈巴村，高原型豬種迪慶藏豬，起碼要用玉米飼養結合野外放養上三年。

諾鄧火腿的原料高黎貢山豬活躍的地方，就在高黎貢山以南的德宏隴川一帶。高黎貢山豬嘴尖毛長渾身炭黑身形矯健，一般放養在山箐裏和高山台地間，出口處下柵欄封堵，基本不去照管和餵食。這樣長大的豬，營養成分豐富而合理，尤其是肌間脂肪發育良好。如此一來，即便用清水烹煮出來鮮吃，隨便蘸上一點鹽分，口感也會瘦而不柴、肥而不膩，滑嫩多汁；如果製成火腿，土豬後腿發達的白色肌間脂肪，大理石花紋一樣，在紅色的肌肉間穿梭游動。

火腿月餅

要說工藝頂尖的昆明點心，要算硬殼火腿月餅。月餅酥皮，看來表面堅挺，上口一咬，卻立刻崩潰，噴薄四散，極其酥嫩，往往讓人應接不暇。月餅餡間肥帶瘦的細火腿丁與白糖、蜂蜜結合得不錯，口感甜鹹合適，餡香軟而不凝結。火腿丁肥潤瘦香，肥不膩瘦不柴。

製火腿的古井鹽 | 火腿豆燜飯

宣威火腿

宣威火腿是中國三大名腿之一。雲南火腿的代表，就是宣威火腿；宣威火腿的優秀，與其地理環境和氣候條件，即所謂「天時地利」密不可分，連《宣威縣誌稿》都這樣宣稱：「宣腿著名天下，氣候使然。」宣威海拔高，接近2000米，冬季氣溫較低、濕度稍高，光照也比較充分，非常適合火腿的醃製發酵。

豬也是名豬。傳統宣威火腿的原料，採用俗稱「烏金豬」的當地黑毛豬後腿醃製。宣威一帶盛產洋芋（土豆），豬雖然沒有西班牙伊比利亞的親戚那樣有橡子吃，但天天吃上好的土豆也是件幸福美滿的事情；醃火腿所用食鹽，取自千里以外的普洱磨黑鹽或楚雄黑井鹽。講究之處，自是不同。當然，因為它歷史悠久，切割、醃製、貯藏、檢測技術，已經非常成熟幾近爐火純青。不過名腿也有名腿的麻煩，難免良莠不齊魚龍混雜，君不見宣威火腿專賣店開了一家又一家，但真正的那一家，到底在哪裏？

火腿豆燜飯

用上好的新米、嫩綠的新鮮蠶豆瓣和豌豆粒，放在紅銅手工打造的小鍋裏慢火燜出來的飯，少不了緋紅的雲南火腿。燜好的飯混合着米香、火腿的奶油與核桃般的油脂香，還有脫俗的豆清香，是又溫暖又叫人覺得淳樸的冬天滋味。火腿豆燜飯在雲南是家家戶戶冬天都會做的家常燜飯，肥瘦相間的火腿切成丁，和豆類一起炒出香味，放進半生的飯鍋裏，也就不用任何調味，燜好了綠色的豆瓣微微裂開，有粉粉的質感，透明的肥肉和紅色瘦肉點綴其中，美不勝收。

24 川式手工茉莉花茶

與成都安逸滋潤的日子最配合的，無疑是茉莉花茶。高明的川菜用百種調料只為達到一個不偏不倚的「香」，這種醇和的香與茉莉花茶清新濕潤的香氣最為搭配，老派的成都火鍋店都會用茉莉花茶奉客，味蕾能體會出箇中的婉約和巧妙，而看着潔白的花朵飄在綠色的茶湯中的美也如街上看美人般愉快。

成都人從明代起就嗜飲茉莉花茶，製茉莉花茶的功夫了得。與北方和福建的茉莉花茶不同，川式的花茶中會混入茉莉花瓣，泡出的茶除了茶葉的綠還有花瓣的白，慢悠悠地邊品茶邊賞花，安逸至極。不過要享受川式茉莉花茶之美，最好還是要手工精製的。

手工高級茉莉花茶幾乎可以説是一件奢侈品。首先，茶葉要選當年3、4月間海拔1000米以上的高山雲霧手工名茶烘青，這樣的綠茶本身就香氣四溢。然後靜待盛夏伏天短短的三十多天茉莉花香氣最濃的時候摘花。摘花要看天氣，必須連續兩天晴天高溫，才能保證花蕾中不駐水，香氣最濃。摘花時間只能在午後，因為茉莉花傍晚開放，必須將摘下來的飽滿花蕾在開放之前送到製茶的地方，搶在傍晚花苞綻放前擇花才能最大限度地保存鮮花的香氣。

潔白的花蕾被摘下綠蒂後，一層花一層綠茶鋪好，讓兩者的香氣充分混合。只有細緻的手工才能保證花瓣片片完整，將來沖泡出完整的花朵來。而花和茶的比例最能體現製茶人的品位，在茶香與花香間達到微妙的平衡是茉莉花茶清雅不俗的關鍵。最後就是格外細心的窨製了。這樣製出的精品，每年最多也就百斤而已，根本不可能假以機器來完成，所以愈發顯得珍貴。

徐公在田中採摘茉莉花製茶

川式茉莉花茶

徐公碧潭飄雪

「西嶺雪山水，巴蜀徐公茶。」徐公，成都新津人士，四川知名茶文化專家，素愛以茶饗客，以茶會友。為了求得一泡徐公親手製作的「碧潭飄雪」茉莉花茶，不計其數的文人雅士專程到新津跟這位年近古稀的老人會面。徐公的「碧潭飄雪」獨步川西，大有與龍井相媲美之勢。他和家人每年都會親手製作限量的頂級茉莉花茶，青綠色的湯色如同一潭清泉，朵朵茉莉像山間飄雪，好到出奇，但是一概不賣不送，只是以茶會友。

新津一帶古代地屬武陽，自古以來就有製茶、品茶的傳統，就像家家自製泡菜一樣普遍，徐公從四十年前起就開始自製花茶來喝，在他的影響下，一家四口人全都熱衷窨茶，一到入伏，就一起到新津的茉莉花田中挑選採摘最飽滿的花苞，帶到自己的茶場，晚飯後一家人圍坐在茶几邊擇花。若隨徐公一起去茉莉花田中學「碧潭飄雪」的選花和擇花的技巧，就更加心曠神怡了。

泡碧潭飄雪時香氣撲鼻

10 年陳郫縣豆瓣

對於四川人來講，豆瓣和泡菜是調出好味道的關鍵，自製豆瓣和泡菜更是各家的最高機密。只是製豆瓣最好的還是在郫縣，郫縣的陳年豆瓣才算是有了豆瓣的魂，複雜、耐人尋味、變化多端而又在細膩柔和的口感後面蘊涵着巨大的力量，怎麽說都像一瓶陳年好酒。

陳年的豆瓣是成熟漿果的那種暗紅色，不像新製的那樣搶眼地紅，聞起來並沒有新鮮的辣味，倒是多些豆類發酵的香氣，自然入口毫不刺激，層層鋪展開來有數不清的味道。識貨又捨得本錢的廚師都到郫縣去收購這樣的陳年豆瓣，現在已經極少有人在做了，價錢是普通的數十倍，用這樣的豆瓣，燒一條魚，炒一盤回鍋肉，都耐人尋味，透出川菜的細膩來。

郫縣豆瓣

自貢跳水蛙

現在成都的自貢菜最流行吃跳水蛙。所謂跳水，顧名思義「撲通」一聲，突出的是一個「嫩」字。蛙跳進的是滾燙的紅油鍋，跟那些仔薑、花椒、辣椒一起，跳出一身的嫩氣。跳水姿勢好，就能讓雪白的肉輕輕一碰就離骨滑在嘴裏，嫩得微微有些膠質，感覺不到肉的纖維。就這樣嫩，還能入味，麻辣自不在話下。

跳水蛙是自貢菜，自貢菜作為川菜的一支，連成都人都會覺得極端，麻辣刺激，味道剛猛，香鮮醇厚。重味嗜辣，喜用椒薑，用料多、雜、重，而且喜歡多放紅油。現在成都最流行的自貢菜口味，是使用椒薑（鮮辣椒、鮮仔薑）味，傳統的辣味辣得很香，卻帶着油膩的感覺。而椒薑味辣得更刺激、辣得更清爽。

自貢菜還講究「燙」，「一滾當三鮮」（「滾」即「滾燙」）是自貢菜廚師的至理名言，厚厚的油蓋在菜餚上，用油保溫增鮮，熱燙的食品進嘴，才會感到味鮮濃厚。跳水蛙用仔薑、青花椒、紅辣椒、米椒來調味，上面厚厚的一層紅油，做得好的不僅能讓肉質更嫩，更入味，而且讓人一口就嚐到仔薑的鮮、米椒的辣、蛙肉的香。

自貢菜 | 自貢位於中國四川省南部，面積4372.6平方公里，是聞名全國的鹽之都，有兩千年的鹽業歷史，逐步形成了獨特的鹽幫飲食文化，其中各家鹽商自帶名廚，結合自貢井鹽演變出具有濃厚地方特色的鹽幫菜系（鹽幫菜），以精緻、奢華、怪異、麻辣、鮮香、鮮嫩、味濃為特色，被譽為川菜之首。食者傾心、聞者傾慕。

自貢鹽幫菜分為鹽商菜、鹽工菜、會館菜三大支系，以麻辣味、辛辣味、甜酸味為三大類別。最為注重和講究調味。而且善用椒薑，料廣量重，選材精道，煎、煸、燒、炒，自成一格；煮、燉、炸、溜，各有章法。鹽幫菜的代表性菜品不下百種，例如火邊子牛肉、水煮牛肉、菊花牛肉、趙化粉蒸魚、芙蓉烏魚片、王井烏魚仔、冬筍碎肉、酥鍋魁油茶、巴人治灶串串香等。

仔薑 | 薑與辣椒、花椒、蒜、蔥，並稱為川菜五大辛香之物，成為「尚辛香，好滋味」的川菜最基本調味原料。沒有它們，川菜會是什麼樣子，誰也無法想像。全國有很多產薑的地方。好像只有川渝兩地的人，才特別鍾愛仔薑。把仔薑涼拌着吃，泡着吃，醬着吃，炒着吃，燜燒進雞鴨鱔魚裏吃，好像也是這兩個地方，才吃得不亦樂乎。生薑只有嫩氣的時候，才能作為食材的主料。它乾了，老了，就只能用作調味。川人愛仔薑，愛的是那獨有的濃郁的薑香，它沒有辣椒那樣乾烈，而是帶着清冽的辛香。最好的仔薑在四川樂山的五通橋。

川椒 | 川菜中常用的辣椒品種有：二荊條辣椒、子彈頭辣椒、七星椒等。二荊條辣椒形狀細長，每年5月至10月上市，有綠色和紅色兩種，綠色辣椒不採摘繼續生長就會變為紅色。二荊條辣椒香味濃郁，口味香辣回甜，色澤紅艷，可以做菜、製作乾辣椒、泡菜、豆瓣醬、辣椒粉、辣椒油。子彈頭辣椒是朝天椒的一種，因形狀短粗如子彈所以得名子彈頭辣椒，子彈頭辣椒辣味比二荊條辣椒強烈，但是香味和色澤卻比不過二荊條辣椒，可以製作乾辣椒、泡菜、辣椒粉、辣椒油。七星椒也是朝天椒的一種，產於四川威遠、內江、自貢等地。七星椒皮薄肉厚、辣味醇厚，比子彈頭辣椒更辣，可以製作泡菜、乾辣椒、辣椒粉、糍粑辣椒、辣椒油等。

廈門小吃

烏糖沙茶麵

源於印度尼西亞的沙茶麵，傳入廈門後深受當地人的喜愛。其中，烏糖沙茶麵絕對是沙茶麵中的「勞斯萊斯」（Rolls-Royce）。麵條滾水汆熟，撈至碗中，隨自己的口味加入喜歡的輔料，關鍵在最後要淋上一直在大鍋裏滾開的湯，許多回頭客就是沖着那一種別處無法複製的香味而來，鮮甜渾厚，滿口花生香，令人着迷。湯鍋一直翻沸個不停，豬大骨、雞骨及魚頭等清晰可見，濃香溢滿了整間舖子。

不但湯頭豪華，用料也實在，澆頭就有 23 樣之多，從 1 元到 13 元不等，肉筋、大腸頭和海蜈是明星輔料，肉筋和大腸頭能吃出神奇的鮮甜味，海蜈更將肥腴演繹到極致，還有爆漿的海蠣也不錯，每種輔料都保證是當天最新鮮到貨的，真叫人吃得樂不思蜀。

（地址：廈門市思明區民族路 60 號）

烏糖沙茶麵

寧浮嶼大同鴨肉粥

廈門人很喜歡以水鴨為食材做本地料理，鴨肉粥便是料理之一。用鴨肉及鴨骨熬成粥底，然後添加上很多輔料，比如鴨及豬內臟，或是魷魚、牡蠣、海蜈等海鮮，作為澆頭撒在粥上，再蓋一層小葱提味。一碗沉甸甸的鴨粥鮮鹹不膩，米粒看上去雖完整飽滿但入口即化，海蠣、魷魚融入粥中提鮮，脆如鴨胗、綿軟如豬肝，互不串味。粥舖門外坐着悠閒的老人，一邊喝粥一邊大汗淋漓。

（地址：廈門市思明區廈禾路 174 號）

趁熱喝鴨肉粥

冬粉鴨的鴨肉十分饞人

冬粉鴨

廈門很容易找到十幾種鴨的料理：白斬鴨、燻鴨、鴨肉麵、鴨肉粉、鴨內臟拌、鴨頭、鴨翅、鴨脚、鴨肝粉、鴨胗粉、鴨頭粉、鴨血粉、五香條、鴨皮蛋卷。白斬鴨肥而不膩，油潤腴美，肉質細爛、勁道而不柴。燻鴨比白斬鴨更帶有人工的痕迹，皮酥肉嫩，烟燻味道濃而不嗆。一盤燻鴨三兩下被大家一搶而空。十來道鴨肉料理的核心就是那鍋永遠都在沸滾的鴨湯，只喝一口便可辨出鴨子的貨色不俗，清湯上泛着星星點點的淡黃鴨油，趁着燙嘴的時候速速吞下一碗。

（地址：廈門東明路 138 號）

天河西門土筍凍

一顆晶瑩剔透的沙蟲完美地躺在海鮮味道的湯凍裏，口感滑溜冰涼，你害怕嗎？這就是土筍凍，原是廈門冬春時節很特別的小吃，不二選擇便是去一家已有七十多年歷史的老字號小店面：西門土筍凍。「土筍」其實就是福建俗稱的沙蟲，五六厘米的長度，富含膠質，加工煮熟，湯汁就會變得濃稠，冷藏後結成蛋撻一般的膠狀凍，蘸着廈門特有的辣椒醬，辣中帶甜，爽中帶鮮。古法土筍凍除了大小長短有別的土筍作為主料外，更多的是輔料，有蘿蔔酸、香菜、酸花菜、芥頭，醬汁也豐沛得很，有芥末醬、芝麻醬、花生醬、烏醋、酸梅醬、蒜泥、醬油、橘汁等。

（地址：廈門鬥西路 33 號）

土筍凍

28 楚門文旦

文旦是柚子的一種，浙江福建一帶盛產，最優質的產在浙江台州玉環的楚門，因此就被冠以楚門文旦的名字。據說楚門的文旦是在清朝時期從廈門傳入，但由於土壤肥厚、有機質含量非常豐富，逐漸蘊養出品質超群又在外形和味道上迥異於祖系的文旦來。

文旦的外形看起來不像其他柚子那樣是水滴形或者是胖胖的圓形，而是扁圓形，會挑的行家則根據扁圓的程度來測口味的優劣。一隻好的成熟的文旦握在手中，沉甸甸的，單隻重量往往都會有 1.5~2.5 公斤，最重的可達 3.5 公斤以上。若是把其他柚子的香氣定義為清香型的話，文旦的香氣則更為清新秀氣，用刀劃開外皮的時候，一股透明的清香噴涌而出。果皮薄而脆，果肉相比起柚子來，也更為細膩柔軟，晶瑩透亮，汁水豐富卻無渣。

但是文旦的最佳食用期特別短，大約從採摘下來起只能放上一兩個月，每年的 11 月是豐收的季節，元旦前後是最佳的品嚐期，再往後，雖然不至於變質，但好味道卻已經流失，不復細嫩，汁水的豐盈程度也會減弱。在當地人家，每逢新年前後，家中都會準備幾個文旦，擺在案几，散發的香氣既是自然的空氣清新劑，果肉又是招待親朋好友的良品。

楚門文旦豐收

柚子配柚子茶

秋末冬初，柚子上市，用柚子來搭配古意盎然的柚子茶，實為一件樂事。柚子茶是一種產自福建、武夷山農家每家必備的茶，可以招待自遠方的朋友，更是能夠為家人治療感冒咳嗽等小病痛的良藥，從而成為武夷鄉土人家的鎮家之寶。

將苦柚切開蓋頂，細心地去除柚子肉，在裏面填塞滿了岩茶後，再蓋上蓋頂，用針綫將其縫回整個柚子的形狀，並掛在陰涼通風的地方讓柚子慢慢風乾，這樣一來，柚子的味道就會漸漸地滲透到茶葉中去。更有講究的做法是，在柚子裏裝茶葉的同時，會加入桑葉、浙貝、連翹等十幾種中草藥，更具有保健功用，清熱、止咳、利咽喉，武夷山的茶農平日裏在消化不良導致腸胃不適，但不至於上醫院的時候也會撬出一塊柚子茶沖泡來喝，正是因為它有理氣開胃、解毒養陰的功效。

但要做出好的柚子茶並不只是將茶葉放入柚子裏那麼簡單，既要讓茶葉吸飽柚子的味道，又要防止茶葉在柚子中風乾時變質，所以處理起來比較複雜，也是非有經驗的製茶人不能勝任。柚子茶在製成後可以陳年很久，且越久越香，也越有藥用的功效，此種茶葉在市面上比較少能碰到。在武夷山當地，也是被農家當做壓箱底的傳家寶來對待，一定是至親好友來了，才肯拿出來的好茶。

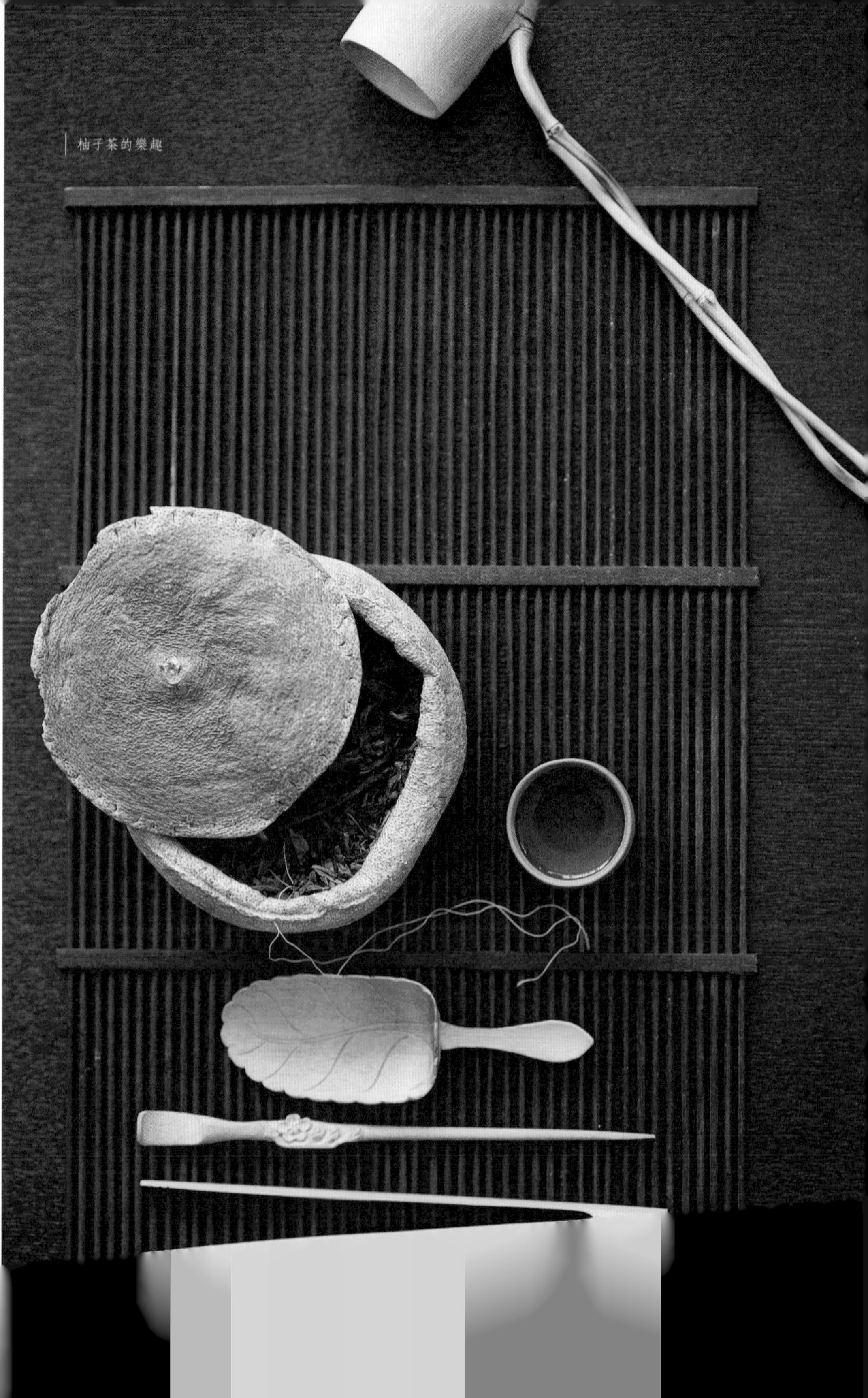
柚子茶的樂趣

關於柚子

柚子是在寒冬時節能給人帶來溫暖感覺的水果，因為它那能祛除疲勞的暖香。不僅好吃，更好用，比如在日本就有冬天洗柚子浴的習俗，掰開柚子皮放入熱水中，讓柚子皮豐富的精油釋放其中，除了讓人神清氣爽、驅除寒冷之外，還能起到預防感冒的作用。

認真泡杯柚子茶

秋末冬初泡柚子茶，冷風被擋在窗外，陽光隔着窗照入，讓屋內的氣氛特別融洽。因為柚子茶製作過程特殊，並且需要陳年才能使茶葉充分吸收柚子皮的精華，這樣一來便倍顯其珍貴，每喝一杯茶便會受一次深深的感動。用剪刀將縫合的粗線剪斷，再慢慢將線拆開，打開蓋子的剎那，封存多年的茶香帶着柑橘類特有的香味隱約地飄了出來，因為是剛接觸空氣的原因，香氣還在低迴地散發，但清新的氣息卻讓人一下子來了精神。

柚子的選擇和搭配

因為柚子茶獨特的風味，在選擇搭配的水果上不妨選擇新鮮的柚子。柚子皮厚耐藏，在小時候的記憶裏，是每年過年必定會準備的水果，不僅因為能讓屋子裏都充滿了清新的香氣，更是因為它美好的寓意，柚子與「佑」諧音，自然是被當成了吉祥的象徵。在喝柚子茶的時候，新鮮的柚子和風乾的柚子會聚在一起，是很好玩的事情。廣西名產沙田柚，或者香氣清秀的泰國青皮柚都是很好的選擇，放到這個季節的柚子多半甜大過於酸，用來做茶會上的水果點綴剛剛好，兩者的味道和諧而優美。

30 寧波黃魚麵

寧波的吃，一定避不開的就是黃魚。這個被當地人奉為至高無上地位的海鮮，不單做法多多，更是能充分體現寧波菜味道的重要代表。在海鮮如此豐富的東海之濱，寧波人卻偏愛黃魚，寧波十大名菜中，最起碼有四道皆是由黃魚為原料所做，可見它在當地受歡迎的程度。與張愛玲齊名的才女蘇青，祖籍寧波，她曾説：「在我們寧波，八月裏桂花黃魚上市了，一堆堆都是金鱗燦爛，眼睛閃閃如玻璃，唇吻微翕，口含鮮紅的大條兒，這種魚買回家去洗乾淨後，最好清蒸，除鹽酒外，什麼料理都用不着。」

鹽酒清蒸，是最家常最簡單的吃法，留其真味。不過如果黃魚僅僅停留在清蒸上，就成就不了它在寧波菜中特殊的地位。黃魚先天條件優越，味道鮮美，肉質嫩滑，後天可塑性也非常高，無論熬湯、油炸、麵拖還是紅燒，都有特別的滋味和吸引力。

除了雪菜大湯黃魚等經典大菜外，黃魚麵更是當地不可不嚐的小吃。雖説是小吃，但在製作上不單花時間，工序更能上升到一門學問那麼深厚。從魚湯開始，要選擇大量大條的黃魚經過大火猛煎，以及與雪裏紅、鮮筍一起用小火長時間熬煮，直至湯色變成奶白，期間必須在鍋旁守看照料，隨時將浮沫以及油脂撇去，才能令湯的味道保持醇正，不帶絲毫腥味。有了湯底外，澆頭則要選擇體形較小，肉質更細嫩的小黃魚，與蝦仁一起爆香，炒後的魚肉又要保持完整乾淨。至於麵，雖是看似一般的麥麵，可汆燙後又帶一點生麵的麥粉香與口感，如此組合的一碗黃魚麵怎麼不叫人為之傾倒？據説在寧波拍《長江七號》的時候，周星馳都忍不住幾乎天天以其作午餐，令一碗本已著名的黃魚麵更多了個「周星馳麵」的外號，平添一份傳奇色彩。

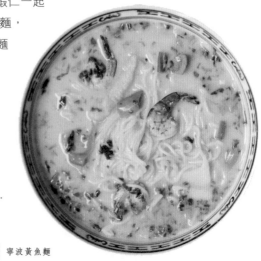

寧波黃魚麵

31 杭州桂花定勝糕

南宋定勝糕是杭州最傳統的點心，本來坊間街頭就有人推車售賣，餐廳所製又特別精緻不同。緋紅色的定勝糕有梅花、蟲魚等各種形狀，輕輕咬下去糯軟中夾雜着糯米細而均勻的細微顆粒感，米香裏慢慢滲出豆沙餡的豆香和甜蜜的桂花香，甜而不膩，滿滿的秋天的氣息。

還有一樣拿江南上好的糯米，細細用石磨磨成米粉所製的年糕，下鍋用一點點油微微煎至金黃，滾燙的，撒上桂花，清香四溢，也是秋天的好茶點。光是裝在青瓷盤中，紅、白、青、黃四色就已經美不勝收了。

秋季去杭州賞桂，滿覺隴區域處處是茶館餐廳，要找有一處獨占半座山丘、遺世獨立不受打擾的去處，坐在庭院中，可享被數十棵百年桂花樹包圍住，如此，喝茶吃定勝糕的閒趣才算盡興。

坐在桂雨山房的露天庭院，依山勢而建的庭院綠陰蔽日，小徑起伏蜿蜒，隨處可見百年以上的桂花老樹，桂花開時，苔痕遍佈的石塔上、青瓷盤的邊緣、香檳杯上、衣角髮間似乎都沾染了桂花的甜香。與友人在此吃飯喝茶，特別要嚐幾樣精美的涼菜，出落得有一點禪韻，味道也極好。飯後，泡一壺金黃的桂花茶，吃着定勝糕，又是一番細膩而美好的感受。

| 桂花茶

杭州滿覺隴賞桂

秋天的時候，杭州人舉家出動，在滿覺隴的桂花樹下吃一碗藕粉，打幾局麻將。藕粉清透且呈淡淡紫色，細細密密的桂花在風裏洋洋灑灑地飄落，落在碗裏，或者弄得人一頭一腦。與其說去賞桂，倒不如找一處好地方坐定，坐一下午，那桂花的甜香便像纏繞在身上一樣。會有蜜蜂從桂花樹的葉間飛來，在人的眼皮下，嗡嗡地打一個徘徊，又飛走了。時間就甜蜜蜜地溜走了。

製糖桂花

舊時日子過得講究一些的杭州人，習慣在做甜湯的時候用糖桂花代替單純的白糖，彷彿能增添些許脫俗的氣質。糖桂花常常就是自己家做得最好。也不用刻意準備，賞桂花的時候先在桂花樹下鋪上一層紙，走的時候把地上的桂花裝回家。篩去泥，漂淨灰塵，放到背陰處晾乾，等金色變成了貌不驚人的褐色。這時轉移到一個極大的透明玻璃罐中，密密麻麻撒上白糖，最後緊緊地旋上瓶蓋，養着。修煉得道的那一天，白糖和桂花早已合而為一，打開瓶蓋的剎那，空氣中便彌漫開清甜的芬芳。也有加鹽製成鹹桂花的，取出來泡茶，清熱利咽，也是好東西。

| 桂花樹下的宴會 | 醃製桂花糖的大缸 |

桂花定勝糕和年糕

杭州醉湖蟹

西湖醉蟹與廣東的醃蟹口味大不相同，一定要選肥美湖蟹來製作，湖蟹乃是蟹中一等。醫技高明的施今墨還有淵博的「蟹學」。

他把各地出產的蟹分為六等，每等又分為兩級：一等是湖蟹，陽澄湖、嘉興湖一級，邵伯湖、高郵湖二級；二等是江蟹，蕪湖一級，九江二級；三等是河蟹，清水河一級，渾水河二級；四等溪蟹；五等溝蟹；六等海蟹。即便是六等的海蟹味道也很鮮美，與河蟹相比各有千秋。懂得吃蟹的人又視醉蟹為湖蟹眾多吃法中的上等，也是杭州老饕們深以為然的地方美味。

醉湖蟹只有冬季螃蟹膏肥脂滿的時候才能製作，用小個兒的鮮活母蟹，洗乾淨了用酒和杭州特產湖羊牌醬油、蒜等幾樣簡單的調料來醃製，調味單純，結果卻很美好，醃好的湖蟹與活的一樣栩栩如生，中間最美味的部分也在於那帶着酒香的軟滑甘美的蟹黃，那是生食最奇妙的體驗之一，吃過油脂四溢香氣襲人的熟的蟹黃，這個生的版本在鮮美度上更勝一籌，口感也叫人又驚又喜。又因為調味單純，蓋住腥味之餘也不會搶奪本身的鮮美，是為冬季必嚐。午後約幾個好友，一杯酒，幾隻醉湖蟹，時光就嘩嘩地流淌過去了。

33 楠溪江香魚

香魚每年秋季最肥美，這種手指般粗細，青黑色背脊、銀白色肚皮的小魚極愛乾淨，只在山青水秀、溪流縱橫的地方出沒，水質稍有不好就不能生活。溫州地區北雁蕩、南雁蕩、楠溪江都出產香魚。野生香魚沒有絲毫的魚腥味，手指觸碰過反而能聞到一股西瓜的清香，吃起來肉質特別細嫩酥軟，而且有奇異的醇香，也因而得此名。香魚一般成群出沒，它們遊動的速度極快。在楠溪江，過去不難看到漁民撐着竹排，驅鸕鷀捉香魚的場景，只是現在香魚越來越少了。

香魚可以生烤，也可以用酒清蒸。楠溪當地還有一種特別的做法就是製成香魚乾，把半風乾的稻草秆平鋪在鐵鍋上面，再將魚放在稻草秆上，通過熱氣慢慢烘乾。香魚乾常常被掰碎用來調味，在做湯的時候，撒上一點便立刻鮮香無比。

捕撈香魚

楠溪江

34 苔條

苔條的樣子細細長長，如髮絲一般，新鮮的時候呈鮮綠色，乾燥後就是暗綠色了。苔條的香不能用清香來形容，那是一種帶着大海氣息的鮮，卻毫無腥味，甚至帶點兒如抹茶的香。浙江盛產苔條，尤其是寧波舟山沿海一帶，更是以採集優質的苔條聞名。食用時可以涼拌可以熱食，更多更地道的方法，是將苔條切碎磨細，做糕餅點心時加入麵粉中，自是散發特殊的鮮香味。

準確地說，苔條即是苔菜，又叫滸苔，屬於綠藻，它無根無莖無葉片，只有許多柔軟的絲狀體，纖細且長，形似絲棉。在我國的沿海都有出產，但要數東海沿岸的產量最大，質量也最好。據說苔條的一生變化很大，生長初期會有一個固着器能緊緊抓住淺海的岩石，每天漲潮的時候海水會把小苔條全部淹沒，退潮後才重新露出水面，有了固着器就不怕海潮的衝擊。隨着苔條的慢慢長大，它的固着器逐漸消失，能在海面上自由漂浮。聽着很有些傳奇的色彩。

苔條花生米   新鮮苔條

苔條千層餅

苔條拖黃魚

這是一道著名的寧波菜，把苔條磨碎成細末後，與麵粉拌成麵糊，把剔淨魚骨的黃魚肉倒進麵糊裏，來回裹拖，再撈起放入油鍋中炸熟即可。吃起來苔香濃郁，又有消炸物油膩的功效。薄薄的麵糊酥脆，黃魚軟嫩，苔條若有若無的鮮味混合其中，堪稱最細膩的佐酒菜。

苔條花生米

這是一道東海邊最流行的下酒小菜，苔條功不可沒。金紅、墨綠相間，看着就充滿了馥郁濃香。脆脆的花生米、脆脆的苔條，吃起來叫人忍不住一口又一口。先用小火溫油將花生米慢慢氽熟，等花生米氽到出香味、顏色漸變時就可撈起，若是喜歡焦香一點的可以適當延長時間，但注意不要等顏色太深才撈起，否則既影響口感又不利於身體健康。出鍋的時候，可以稍微噴灑一些白酒，讓花生米松脆噴香。再將苔條撕松剪碎，在鍋內加一點油，放入苔條小火翻炒，可加少許的糖，等翻炒到油被苔條吃盡時，可以將之前的花生米放入翻炒，均勻後即可盛起。要注意的是，這時要將苔條花生米攤涼，否則容易回潮，等到要吃的時候再撒上鹽，撒早了也容易受潮。

苔條的營養

苔條不僅具有豐富的營養價值，而且具有清熱解毒、抗菌消炎、降低膽固醇、增強機體免疫力、軟堅散結、消腫利尿及化痰之功效。據《隨息居飲食譜》記載：滸苔「消膽、消瘰癧癭瘤、泄脹、化痰、治水土不服」；《本草綱目》記有滸苔「燒末吹鼻止衄血，湯漫搗敷手背腫痛」；唐代李珣編《海藥本草》中稱「石蓴主秘不通，五膈氣，並小便不利，臍下結氣，宜煮汁飲之」。沿海至今流傳用石蓴類煎服治急、慢性腸胃炎，廣東則將滸苔作消暑解毒飲料。

35 笋筒

中國是世界上產竹最多的國家之一，二百多種竹子分佈在全國各地，有竹的地方必有竹筍，春天的竹筍吃不完，曬乾了製成筍乾，一年四季就都可以品嚐竹筍的鮮美。説到最會料理竹筍的，當屬浙江人。

浙江筍最多的地方在麗水附近的龍泉山，也就是常説的產龍泉寶劍的地方。龍泉山主峰黃茅尖海拔 1929 米，是江浙第一高峰。山上有湖泊、草甸、竹林，山裏的農民春天挖了竹筍，拿來用各種方法曬乾加工保存下來。產自龍泉山的筍筒就是我們常見的浙江筍乾的升級版。

和筍乾一樣，筍筒也是春筍加工而成的乾貨，但筍筒會精選春筍最嫩的 1/3 部分，將筍衣和筍肉一起用炭火烘乾。這比曬乾的要香數倍，而且，因為保留筍衣，所以對竹筍的要求更高，只限山裏講究的農家手工製作，並沒有機器批量生產的。筍筒保留有筍的質感，又酥爛嫩滑，少了筍乾細長纖維的韌性，多了筍衣層層間細滑爽嫩的口感，吃起來口感豐富。如果用來燒肉，筍衣間的酥軟和燉肉的滑軟膠質形成鮮明的對比，吃起來口感非常奇妙。層叠滑嫩的筍衣間會吸飽了肉的油脂和湯汁，用來拌飯一流。拿來燉湯，如同公主裙擺的層叠的美態也非尋常的筍塊可以相比。對於追求極致華麗口感的人來説，就真的是有福了。

風乾的筍筒

鹹肉燉筍筒 | 涼拌筍筒

江浙筍乾的種類

江浙地區，常會將鮮竹筍製成筍乾，以冬筍為原料，通過去殼、蒸煮、壓片、烘乾、整形等工藝製取而成。還有余姚筍乾菜，是待春筍上市，把春筍切成薄片，煮熟，再取出雪裏紅乾菜，放入鍋中與筍片拌和，重新燒煮，讓鮮美的筍汁滲入到本已極鮮美的乾菜之中，然後出鍋暴曬，曬至乾燥，仍以不酥不脆為度，然後裝入缸內密封，不漏氣。因為加入了筍，因此稱為筍乾菜。筍乾菜既有菜味，又有筍味，原汁的清香陣陣撩人，真可使人垂涎欲滴。

筍筒的營養價值

筍筒含有糖類2%~4%，脂肪類0.2%~0.3%，蛋白質2.5%~3%，並含有胱氨酸、谷氨酸等18種氨基酸和多種維他命，以及磷、鈣等人體所需的營養成分。有低脂肪、低糖、多膳食纖維的特點，能增進食慾、防便秘、清涼祛火。筍乾含有多種維他命和纖維素，也具有防癌、抗癌功效。

筍乾的泡發

筍乾泡發一般常用淘米水，也可先用溫水浸泡一兩天，再用旺火燒煮2小時，然後再用水浸泡兩三天。在水發期間，應每天換水一次，以防止發酸，並使其發足發透。一般500克筍乾漲發率可達2500~3000克，質量好的能發到3500~4500克。

36

蟹粉麻婆豆腐

蟹粉豆腐，麻婆豆腐，都好。保守地说，愛好這兩種豆腐的人口味上是南轅北轍，一個鮮濃，一個熱辣，然而自從這世界上有了蟹粉麻婆豆腐，就不光好，還有趣了。

麻婆豆腐妙在「麻、辣、燙、香、酥、嫩、鮮、活」八種滋味集於一身。出鍋後，紅油亮紅、豆腐嫩白、牛肉末金黃、蒜苗碧綠，煞是好看，更有無法分辨彼此的勾人香氣。豆腐用龍潭寺的大紅袍油椒製作的豆瓣炒過，又辣又香；牛肉末酥香，入口即化；豆腐用特殊滷水製成，棱角分明卻一碰就碎，滑嫩無比。豆腐表面撒一層麻味醇正、沁人心脾的漢源貢椒花椒面，聞之麻香撲鼻，入口麻味銷魂。雖是如此火辣的一道菜，卻上上下下透着新鮮水靈：豆腐晶瑩雪白、紅油清亮可鑒、蒜苗翠綠鮮艷。

而蟹粉麻婆豆腐更加有趣。一家以精益求精的食材而聞名的上海菜餐廳，在這一年的某一天決定將貨真價實的蟹粉豆腐加上麻婆豆腐的調味，於是在金燦燦的蟹黃、潔白的蟹肉中就有了豆瓣花椒紅油的滋味。那麻辣是恰到好處的，並沒有蓋住了蟹粉的爽滑和鮮美，倒是令味道多了激發食慾的效果，金黃的蟹油中混着紅寶石般的光澤，不管就着米飯吃幾大勺都不會覺得膩。

麻辣鮮香的蟹粉麻婆豆腐

桂花糖藕

桂花糖藕是江南的傳統菜式，也是點心。一道軟糯香甜、入口芬芳的桂花糖藕，由甜脆爽口的江南小藕和黏度很高且瓷實的小粒糯米製成。糖藕其實不放糖也甜，這種甜味，靠的是文火大湯慢慢地焐進去的，那甜在有意無意之間，又不會掩蓋藕本來的清香。

塞滿糯米的藕，放進墊有竹笆的鍋內，蓋上兩層鮮荷葉，清水淹沒藕面，大火燒沸後改用文火焐大約五六個小時。藕焐好後色澤紅褐，又糯又香。焐熟的藕片可不用刀切，而用棉紗綫即可把藕夾斷成片。吃起來味道濃郁，食後口中猶有黏稠的餘味。

夾斷成片的桂花糖藕

38 白露時節的鱔魚

黃鱔廣泛分佈於亞洲東南部及大部分的淡水區域，在國內尤其盛產於長江和珠江流域。黃鱔會冬眠，它在 8 月左右最為肥美，過了時節它就躲進洞裏，靠消耗夏末秋初攢足了的脂肪在洞中靜靜度過寒冷冬日。所以，會吃的食客，定會在暑氣未消的夏末，白露節氣，點上一份一年中最肥嫩的黃鱔迎接秋天。

青芥撈脆鱔

黃鱔的烹調方法多種多樣，炒、爆、燜、燉、煮、煲湯、熬粥、拌麵均可。各地都有自己獨特的烹調技巧和菜餚風味，其中以淮揚、上海的幾種風味最具特色。而會吃鱔魚的人一定要區分雄鱔和雌鱔，兩者肉質大不相同。雌鱔鮮嫩，肉質細膩。雄鱔肉質緊實，彈性好。根據口感的需要，選用不同的食材。

試過一道創意改良的青芥撈脆鱔，令人十分難忘。傳統的脆膳是把鱔絲用高火熱油炸透後澆上汁兒，酥脆入味。這道改良菜，利用雄鱔的肉質特點，不用油炸，開水燙熟後立刻過涼水，使肉質迅速收緊，成就了鱔絲脆韌的口感，加入日本風味的青芥，調配出爽脆清香的青芥撈脆膳。青芥的清香微辛，與鱔魚的脆爽口感相得益彰。清爽的口味和黃鱔涼血清熱的功效相輔相成，是夏末秋初非常應季的料理。

炒鱔絲

蘇州啞巴生煎

有人説蘇州的生煎太甜，啞巴生煎的餡兒尤其甜，只有這甜味才足以和一指厚的酥皮相匹配，多吃幾個竟然會 High。只見生煎包的檔口裏面，十幾個白衣白帽的婦女有條不紊地分別擀皮包包子，不過那些皮一定是邊緣厚中間薄，而且擺放的方式也跟包子正好相反，包好了之後個個厚臉皮朝下趴在一邊。生煎包的至高境界是火候和感覺。傳説啞巴生煎成名就是因為創始人聾啞，可以不受外界干擾投入地烘包子，才達到微妙的境界。

轉鍋、開蓋、撒芝麻、噴涼水、撒葱花、淋油，一點兒也不看時間，一氣呵成，隨着滋滋的響聲和芝麻香葱的味道飄出來，眼看着雪白的包子慢慢變得焦黃，排在前面的人就笑了。生煎到手，咬破一個口，用勺子接住，等甜蜜又滾燙的肉汁流一點兒出來，那層烘得焦黃的厚臉皮竟然像黃油餅乾一樣酥脆，這時候也才明白認真做一個厚臉皮出來的道理，只有厚，烘出來才會酥脆啊。

而另一種做法是，用傳統菜籽油增添生煎包的香味。淋油的時候用黃色的菜籽油，現在幾乎絕迹的菜籽油有一種個性的香氣，入口又有些澀，令這裏的生煎包與眾不同。

製作生煎包

高郵雙黃鹹鴨蛋

高郵雙黃鹹鴨蛋是鹹蛋中的「超人」。因為江蘇高郵這個地方水草豐盛,當地的麻鴨天天吃鮮活的小魚、螺螄以致營養過剩,下出很強大的蛋來,這些蛋幾乎都有兩個及兩個以上的蛋黃,又大又沉,用這樣的鴨蛋來做鹹鴨蛋,就是袁枚説的「醃蛋以高郵為佳,顏色細而油多」了。

青色光滑的橢圓外殼,潔白緊緻的蛋白並不太鹹,並如同凝脂般滑嫩,橘紅色的蛋黃忍不住溢出金黃色的油來,就像夕陽一樣漂亮的顏色,聞起來有松仁的香氣,吃到嘴裏卻是醇香和綿密的。更妙的是,這蛋黃還有兩個。

不過吃起來「宜切開帶殼,黃白兼用;不可存黃去白,使味不全,油亦走散」,其實早於南北朝時期或更早前,中國人已有吃鹹鴨蛋的風俗。南北朝農書《齊民要術》指當時蘇州、揚州一帶已大量醃製鹹鴨蛋,而且可以久藏。書中説:「浸鴨子一月任食,煮而食之,酒食俱用,滷鹹則卵浮。」説明鹹鴨蛋可以下酒佐食。元代《農桑衣食摘要》中記載:「水鄉居者宜養之,雌鴨無雄,若足其豆麥,肥飽則生卵,可以供廚,甚濟食用,又可以醃藏。」説明當時南方各省養鴨業的情況,並盛產鹹鴨蛋。

雙黃鹹鴨蛋

清蒸大閘蟹

陽澄湖大閘蟹

大閘蟹只有陽澄湖的才最美味。這個橫跨蘇州、昆山、吳縣的天然湖，每一年秋季限量出產上等湖蟹。講究農曆九月吃母蟹，十月吃公蟹，蟹膏、蟹黃濃郁鮮甜，蟹肉緊緻甜美又回味無窮。唯有清蒸後配合上好的醋汁才能盡顯其本味，同時也要喝陳年的花雕酒來袪除食蟹的寒氣。至於蟹肉，每個部位的肉質和口感都截然不同，於是有所區別地加工成蟹粉豆腐、蟹黃獅子頭、清蒸蟹鉗、蟹粉小籠等各式菜餚，這些幾乎就成為各大名廚的絕技。

大閘蟹菜品中最風雅的莫過於蟹釀橙。蟹釀橙是南宋的宮廷名菜，精妙之處在於把湖蟹的甘美豐腴和橙子的酸甜清香天衣無縫地結合在一起，彼此的優點相互提升又配合在一起產生出橘黃蟹肥的秋日意境來。一個極品蟹釀橙要消耗數隻成熟的大閘蟹，材料陣容極其奢侈強大，非但如此，對加入其中的每一種味道的分寸比例的把握非得爐火純青分毫不差，才能將材料的妙處都發揮出來。而蟹粉小籠也因為大閘蟹的緣故要躋身小吃界的身價福布斯榜。

蟹釀橙

用筷子把蟹粉小籠夾起來，那充盈的汁水順着剔透的皮，墜成一個滴漏。這值得大喜，那玲瓏的小籠底看似薄如紙，卻任由汁水飽滿得顫顫巍巍，怎麼都不破。好的蟹粉小籠，新鮮肉餡裏，蟹黃無論星星點點還是慷慨成塊，都是透着清晰可見的誘人金黃，蟹肉中和了肉餡微微的膩。吃小籠需要修煉一些功夫，啜着吸着，把那精華的湯汁都吮淨了，再吃小籠輕薄的皮。而對於這蘊着湯汁和蟹香的小籠，總忍不住囫圇吞包。

42 蘇州協和
古法松鼠鱖魚

說起松鼠鱖（音桂）魚，大家都不免想起那條可憐被刀雕刻得面目全非（眼睛經常變成染紅的櫻桃）、炸得乾透後，再淋上一勺勾兌自番茄醬的醬汁，最後讓本是蘇州名菜的松鼠鱖魚楞是變成一道紅彤彤、油乎乎外加黏乎乎的菜。

或許是罪在當今人人愛吃的番茄沙司，也可怪如今的鱖魚不野，當今的松鼠鱖魚大多淪落成哄騙遊客的旅遊菜，其意義和在景點被打扮成阿哥格格拍照一樣。可吃過真正傳統的古法松鼠鱖魚，又會感到此魚每一個細節處理都是充滿了匠心的製作，魚肉被切成菱形油炸，讓看似美觀的葡萄肉能有充分吸收醬汁的功能，而澆淋的滷汁不但沒有絲毫番茄沙司的「洋」蹤迹，且在米醋、白糖與醬油調味下令得鹹、酸、甜三大味道變得錯落有致，而且白糖還特地大火燒至微焦，令甜味中還帶着甘苦的焦糖香氣，再在大師級的廚師手下勾成薄薄的玻璃芡，如此一條好魚，只要肯好好燒，可不是只存在天堂的滋味嗎？

皮白肉嫩的鹽水鴨

43 南京鹽水鴨配酒

南京最有名的莫過於鹽水鴨。南京人吃鴨子看季節,春天吃「春板鴨」和「燒鴨」,夏季以琵琶鴨煨湯祛暑清熱,秋天吃鹽水鴨,冬季則吃臘板鴨。

做鹽水鴨講究的是滷汁,每個滷味店都會將它視如命根。而滷汁不同也造就了若干滷菜店不同的口味。好的鹽水鴨「皮白,肉紅,骨頭綠」,鴨皮白肉嫩、肥而不膩、香鮮味美,而且講究新鮮、現做現吃,所以也就離不開南京。鹽水鴨雖然一年四季都有,但是以每年中秋前後,鴨子肉實膘足時製作的色香味最為出色,因為在桂花盛開季節製作,所以被稱為「桂花鴨」。清朝南京人張通之的《白門食譜》中記載:「金陵八月時節,鹽水鴨最著名,人人以為肉內有桂花香也。」

金陵風光 |

鹽水鴨與葡萄酒搭配

意大利 卡瑪酒園普洛西可乾起泡葡萄酒
（Carpene Malvolti）

鹽水鴨的口感雖然豐滿，可味道偏於清淡，一款既能消去油膩又可以將鹽水鴨本質凸顯的酒會是不錯的搭配。而意大利卡瑪酒園普洛西可乾起泡葡萄酒除了可以消解鴨肉過多的油膩以外，酒本身充滿黃色水果的味道更會令鹽水鴨披上一層桂花的香氣，與桂花鹽水鴨不謀而合。

智利 2008 米高桃樂絲聖迪娜瓊瑤漿白葡萄酒
（Santa Digna）

正宗地道的南京鹽水鴨市井小民般樸實亮相，能配得上融熟甘美的鹽水鴨，那酒一定也得在舌間有些分量。似乎新世界的白葡萄酒都顯得過於單薄，而瓊瑤漿這個品種無論在法國的阿爾薩斯還是智利都能凸顯其品種個性，彌漫着花的芬芳、荔枝的香甜和香料的複雜氣息。

澳大利亞 2005 朗節雷司令乾白葡萄酒
（Mount Langi-Ghiran Riesling）

其濃郁的花香可以彌補鹽水鴨在香氣上的不足。鹽水鴨入口肥而不膩，富有彈性的肉質以及味道鮮美的口感，澳大利亞 Grampians 寒冷地區的雷司令繼承了德國雷司令的特點，入口和諧的酸度也能帶出鹽水鴨獨特的味道。

新西蘭 飛馬灣酒莊黑品樂紅葡萄酒
（Pegasus Bay Pinot Noir）

選擇細膩順滑、口感清新可人的黑品樂葡萄酒有些冒險的成分，本意上黑品樂適合酸度高、口感偏辣的菜品，但沒想到，在搭配鹽水鴨時，同樣有出人意料的表現。正所謂酒體輕的紅葡萄酒可以看成是加強版的白葡萄酒，而鹽水鴨又可看成是輕量級的「紅肉」，箇中的奧秘只有親自體會才能感受得到。

南京烤鴨

南京烤鴨大多都是街頭明爐烤製，另配滷汁，並不像北京烤鴨那樣片成薄片捲餅來吃，南京烤鴨講究斬成塊。趁熱淋上各店自製的紅滷來吃。烤鴨皮酥肉嫩，肥而不膩，真正的吃客更講究滷汁的味道。地道的南京口味紅滷，是用的明爐烤鴨外烤內煮時鴨腔子裏面那一包汁水，烤鴨烤好，趁熱把酒釀蜜滷倒進湯汁，澆上糖色、米醋、精鹽，講究的還會加松仁、芝麻等調味。這紅滷的口味不能鹹，而是略甜微酸，鮮鹹適度。調製這樣的味汁，功夫不比烤鴨差。

黃豆鴨拐和烤鴨包

南京人吃鴨子千變萬化，鴨拐就是鴨子的膝蓋，又有筋又有皮，紅燒過後吸收了滷汁的味道，皮入口即化，裏面的肉又很有彈性，十分好吃。

烤鴨包是將帶滷汁的新鮮烤鴨切碎，混進肥瘦肉餡裏，包成小籠包，剛蒸好的烤鴨包飽含汁水，吃到嘴裏有老滷的微甜和鴨子的特殊香氣，又有傳統小籠包的細嫩精緻。

鴨油酥餅

裹滿了黃澄澄芝麻的酥餅，豆沙餡，和麵時用純鴨油，烤好了一陣後，鴨子那略帶臊氣的特殊香味陣陣飄來。想拿一個起來，只是太酥，一碰就層層裂開，咬一口下去又燙又甜的餡伴着鴨油味，這個酥餅一點也不乏味。鴨油酥餅有兩種，圓形的是甜的，橢圓形的是鹹的，鹹的裏面有葱花和香料，吃的時候配一大碗同樣滾燙的鴨血粉絲湯，很絕。

鴨血粉絲湯

南京人把對鴨血和鴨內臟的愛好都放在這一碗鴨血粉絲湯裏。鴨胗、鴨心、鴨腸統統地滷成五香味，切碎，粉絲在鮮美的老鴨湯裏燙熟，加上燙好的細嫩的鴨血，加上香菜、辣油，就是百吃不厭的鴨血粉絲湯。湯鮮，內臟有嚼勁，粉絲又燙又軟，鴨血滑得入口即化。另外還有清爽的鴨血湯，用老鴨湯來煮切成極小方塊的鴨血，撒上葱花，也很誘人。

新鮮太湖蓴菜

五月，春天帶來的那些嬌滴滴嫩生生的感覺眼看就要被夏季的蓬勃奔放所取代，忍不住地悵然，幸虧還有新採的太湖蓴菜，抓住它滑溜溜令人心醉的味道，就抓住了春天的尾巴。蓴菜是江南最著名的食物之一，無數文人騷客都對它不吝筆墨。

吃蓴菜一定要到蘇州去。傳統的蘇州做法——雞火蓴菜羹是吃蓴菜的上選。選雞脯肉最嫩的一塊牙籤肉，這塊肉煮過也不會柴，用精美細膩的刀工切成比火柴棍還細的絲，火腿也切成細絲，一紅一白，搭配碧綠的蓴菜，煞是漂亮。新鮮的蓴菜雖然被做成了羹湯，碧綠清爽的樣子絲毫也沒有改變，依然是緊緊裹起來的紡錘形，就像碧螺春一樣有婀娜的形態，吃起來在舌尖有些微的彈性，火腿和雞肉濃郁的香氣和鮮美之間，是蓴菜滑溜的口感和清香微苦的味道，果然是令人心醉。如果是保鮮的蓴菜，多半會失去那個力氣，葉片一入口就完全散開了，像嚼一片茶葉，樂趣全無。幸虧吃到了這樣美好的蓴菜，任憑那裏在膠質中噗噗吱吱的感覺在口中蔓延，不然畢生也不會理解「蓴鱸之思」那份心情的迫切了。

採摘蓴菜

第一次看到剛剛採摘的嬌嫩的蓴菜，是在一個潮濕的早晨，太陽還沒有發揮它的威力，照着眼前火柴大小的植物亮晶晶地發着光。墨綠色嬌嫩的葉子像熟睡嬰兒的拳頭般緊緊裹在一起，只露出背面紫紅色的邊緣和細小的莖，紫紅越接近中心又轉成綠色，這些顏色被一層清澈明亮的膠質包裹着，顫顫的，折射着春水的光，顯得矜貴又充滿詩意。這就是在太湖新摘的嫩蓴菜了。

據說採蓴菜是不能划船的，因為蓴菜是像睡蓮一樣生長的，划船引起的水紋會令細小的蓴菜漂走，只有一人坐在一個大木桶裏漂過去，緩緩地靠近，在那些已經展開的圓形葉片中間尋找還沒有露出水面的嫩芽，然後指尖一掠，把這像泥鰍一樣滑的東西摘下來。她們指尖的感覺極其細膩精準。沒有嫩芽會「從指縫間溜走還說再見」，然後浸在潔淨的湖水中被儘快送到廚師這裏來。

剛出水的鮮嫩蔬菜

| 雞火蒓菜羹

蒓菜的時令

蒓菜野生於長江以南的湖泊和池塘中，蘇南太湖、杭州西湖是最著名的產地，4月底到5月中下旬是吃太湖蒓菜最好的季節。儘管蒓菜可以一直採摘到10月，但春末正是蒓菜開始從湖底逐漸發芽生長的時候，這時候採的最嫩最新鮮，過了這段時間，天氣漸熱，蒓菜就會大量繁殖生長，更多地展開來成為鋪在水面上綠色的圓點，那些沒露頭的也會變得細長而多少失去這一季的柔嫩口感了。

蒓菜的加工

蒓菜本身是沒有味道的，就算葉聖陶說「嫩綠的顏色與豐富的詩意，無味之味真足令人心醉」，但無論如何還是需要搭配葷吃才能體會到其中的妙處。一般蘇州的人家，在蒓菜剛上市的時候，都會買些回家去，加春筍絲、雞絲和肉絲做個湯，是最家常的吃法。春天虛火旺，蒓菜正好可以降火明目，是春末最好的飲食。

除了做羹，蒓菜也可以炒，蘇州名菜蒓菜炒芙蓉，用雞蛋清放水澱粉，在油鍋裏炒成芙蓉狀，快起鍋的時候把燙過的蒓菜放進去就成了。因為春蒓菜特別幼嫩，不論是做羹還是炒，都最好先用開水燙一遍。一來可以除去野菜的苦澀，二來如果火候把握不好，蒓菜的顏色就會變黑變黃，如果放在漏勺中用開水澆一遍，就可以得到碧綠的顏色，而蒓菜也剛好熟了，等菜起鍋時把這樣處理好的蒓菜放進去，不必再過分加工了。

蒓菜的營養 │ 蒓菜味甘、性寒，入肝、脾經；具有清熱、利水、消腫、解毒的功效；蒓菜中含有豐富的B族維他命，它是細胞生長分裂及維持神經細胞髓鞘完整所必需的成分；蒓菜中含有豐富的鋅，為植物中的「鋅王」，是小兒最佳的益智健體食品之一；因其滑軟細嫩，特別適合老人、兒童及消化力弱的人食用；蒓菜的黏液質含有多種營養物質，有較好的清熱、解毒作用，食之清胃火，瀉腸熱，搗爛外敷可治癰疽疔瘡。

45 冬日的烤羊排和羊雜湯

相不相信羊肉經過技藝高超的廚師的處理，會變得毫無腥膻之味？典型西北風格的烤羊排經過精細的加工，保留了一貫的豪爽氣之餘，又多了一分細膩，熟度控制得剛好，使羊肉保留了豐富的汁水，非常肥嫩，外皮又能金黃松脆。不妨再搭配一碗羊雜湯吧。半透明乳白色的濃湯，再用切碎的芹菜末提升香味，一大碗喝下去，身體由內到外地暖和起來，恐怕是風雪夜歸人一路都會想念的美味。

肥嫩的烤羊排

馬家溝芹菜

100元500克有原產地保護的平度馬家溝極品芹菜心，相當於一盤西班牙伊比利亞火腿或者一小瓶法國頂級松露油，這個價錢比起一把平日裏2元錢500克的芹菜實在是天價，吃到嘴裏卻能心服口服，忍不住令人感謝上天給我們如此美味的蔬菜。

馬家溝芹菜葉子碧綠，淺綠中泛出點嫩黃的莖緊實地靠在一起，根根挺拔絲毫也不嬌小細膩，莖上面有細密卻並不明顯的紋路，中間略微透出半透明的白色來。看起來它和一棵平凡的芹菜區別不大，但因為產自山東平度馬家溝，這棵芹菜便會立刻與眾不同，吃到嘴裏會感覺到蜂蜜般的清甜和完全無渣的酥化，更不要説恰到好處的清香味，就算生吃也絲毫不遜色。

只有馬家溝的特殊水土和氣候，才能造就馬家溝芹菜令人難忘的味道。馬家溝也是申請到國家地理標誌認證的，道理跟香檳與香檳區一模一樣。馬家溝芹菜有數百年的好口碑，過去一直是皇家的貢品，這應該是當時對食材肯定的最高禮遇了，不過，現在要吃到正宗的馬家溝芹菜比較不容易，它也和陽澄湖大閘蟹一樣，有了眾多的仿冒品，只有吃到嘴裏才能分辨出好壞來。

蟲草花炒馬家溝芹菜

馬家溝獨有

青島附近的馬家溝，不論土壤還是氣候以及水質，都奇迹般地符合芹菜生長的需要，在這裏生長的芹菜相比於其他地區有非常明顯的區別，正所謂：唯特定之水質土壤，方滋生獨有之特產；唯正宗之區位水土，方養育正宗之特品；唯考究之肥水管理，方促就獨具之特質。這裏出產的芹菜芹香濃淡適中，翠裏透黃，中空肉厚，嫩脆無渣，汁多微甜。

多年的生長造就了獨特的馬家溝芹菜品種，最近幾年當地人開始復興馬家溝這個特產。除了常見的有機改造和管理，村民早在 2003 年就發明了用牛奶灌溉芹菜來獲得特殊的風味。整個村地裏種的全都是芹菜，每年的冬季到第二年的春末是豐收的時候，全村人都忙着剝菜心，十幾斤芹菜才可以加工出一斤菜心，這些菜心被貼上不同的品牌商標送往外地。馬家溝因為芹菜變得富裕又出名，還為芹菜申請了原產地保護。

最適宜的做法

因為特殊的清甜風味和酥脆的口感，馬家溝芹菜最適合的吃法就是直接生食。開水燙 1 分鐘後與蝦仁、木耳、粉絲、雞絲一起加醋涼拌是當地最高級別的吃法，如果炒的話也不需要多餘的調味品，儘量少油的素炒才不會破壞原味，當地人的推薦是加上花椒可以最大限度地激發芹菜的香味。

中國地理標誌認證 │ 中國地理標誌是中國政府為保護原產地優質產品，而向經過有關部門認證的原產地產品頒發的產品地理標誌。

凡通過中國地理標誌認證的產品，均可在其產品表面張貼中國地理標誌圖樣。中國地理標誌的認證機構主要為國家質量監督檢驗檢疫總局。地理標誌產品制度的實施，主要是為了保護地方特產和農民利益，打擊假冒偽劣產品的泛濫。

鐵鍋恐龍蛋

如果要挑選一個雞蛋菜在吃之前就能先聲奪人的話，來自河南商丘當地的特色菜——鐵鍋恐龍蛋肯定是不二選擇。不知道是否是少林寺的關係，這道豫菜看起來無論準備和製作都需要極大的功夫。首先需要特別鑄造的厚鐵鍋與鐵鍋蓋，原因是鐵吸收熱和保溫的能力超強，這樣會產生足夠的高溫讓雞蛋中的空氣保留，達到蓬鬆口感。燒紅的鐵製鍋蓋在烹製過程中產生熱對流效應，讓鍋中的雞蛋被「扯起」，變得如海綿蛋糕般松厚。當鍋蓋掀起的時候，能看到鍋中的雞蛋因為鐵鍋的餘熱仍在沸騰。那熱騰騰充滿雞蛋烤後的香味和吃起來猶如太空棉床墊般蓬鬆的口感讓人難忘。

北京油雞產好蛋 | 北京油雞天生

鳳頭、五爪與漂亮的鬍子特徵而曾經被西太后寵愛，純正的血統讓它的雞蛋和肉有着比其他同類更鮮美濃郁的味道。北京油雞除了肉質比其他雞肉優勝以外，產的蛋更是同類中的XO，主要是因為身嬌肉貴所致。就像日本的神戶牛那樣，油雞必須住在青山綠水的環境裏，身體非常健康，吃的都是特別種植的有機玉米，所以產下來的雞蛋不單蛋黃的比例大，蛋清濃稠並充滿韌性，自然不會出現蛋黃打到碗裏就馬上散開的情景了。煮出後的味道更是香甜醇正，這是來自雞蛋本身真正的味道。

| 北京油雞

法式燜蛋

法式燜蛋

很多人認為西餐對雞蛋通常都是煎、炒、水波和白煮幾樣簡單的料理方法。其實在法餐裏，還有一道用大約80℃把雞蛋慢慢燜煮出來的菜式。連法國廚藝教皇保羅‧博古斯當年曾經被要求做一道雞蛋菜式時，也選擇了這道名為Oeufs en cocotte 的菜來表現法國料理的精髓。要說它吸引人之處，主要是其溏心的蛋黃與綿軟的蛋白，兩者交織在一起的口感是其他雞蛋菜難以媲美的。而做燜蛋更要比平常付出更多的耐心。吃的時候再根據自己的口味配着炒香的香腸、培根，或者烟燻三文魚，如果還有一杯經過橡木桶陳年的白葡萄酒，更會讓你發現法餐的簡約魅力。

竹蟶燉蛋

竹蟶燉蛋

上海菜裏最考功夫的莫過於它們的燉水蛋，上海燉蛋與北方雞蛋羹相似而不同，它通常用超級大碗呈上。所以在體積變大後，雞蛋濃稠度的控制很多時候會讓不少廚師皺眉，它的難度就是必須把質感做到似凝非凝，對火候的控制又比明火炒菜更難上一個級別。攪好的雞蛋一旦進入蒸鍋，鍋蓋就不能再開，既要防止過生過老，又要防止吸在鍋蓋上的水滴在蛋上變成麻皮蒸蛋。只有對蒸汽爐火純青的掌控，才會讓燉的雞蛋清如水明如鏡，並有細滑如綢緞的口感，配上當季時令的貝殼，讓雞蛋充分吸收貝殼獨特的鮮味。

意大利薩芭雍

相比近來開始泛濫的提拉米蘇，薩芭雍更能體現意大利甜品高貴華麗的特點。而它之所以能迷倒萬千甜品粉絲，與如絲絨般纏綿的口感是息息相關的。製作薩芭雍時需要在雞蛋隔水加熱的同時不斷抽打，才會讓雞蛋適當受熱，並將空氣保留在其中。經驗不足的廚師，抽打的密度不均勻或者速度過慢的話，就會出現雞蛋受熱結塊、雞蛋與酒分離的情況。但經驗豐富的廚師則會把薩芭雍變成包裹大量空氣而細緻綿密的雞蛋稠漿，覆蓋各種時令水果後，那種冷與熱、清和濃相互對比再加上蛋香與酒香，不得不叫你迷醉其中。

意大利薩芭雍

雞蛋灌餅

在中國，雞蛋好像天生注定會與一塊大餅配成一對。不管夾或捲，有時候甚至攤餅時都會在餅中央戳一個洞，然後把蛋液灌入餅中。這些看似毫無技術卻很考功夫的餅加蛋伴隨着我們很久，久得讓我們對其變得習以為常，但在吃這款雞蛋灌餅的時候，卻還是被驚艷到了。薄薄的麵餅烙得酥脆金黃卻不顯焦色，一口咬落，噴香的麵粉味道在油脂的香味中已經把我們征服，再加上雞蛋餡的軟糯與餅身的脆口形成對比，更是讓一塊餅在口中蕩氣回腸。於是每當早上和深夜的時候，都會想起那柔軟纏綿、蛋香麵粉香濃郁的雞蛋餅，特別是大口咬下時的感覺還真是非一般的痛快淋漓。

雞蛋灌餅

山西寧化府陳醋

山西老陳醋是中國四大名醋之一。20 年的老陳醋是深黑色的，泛着水晶一樣的紫色光澤，聞起來異常醇厚，喉間更是有清甜的回味。山西老陳醋有「天下第一醋」的盛譽，寧化府是數百年的老品牌，以高粱、大麥、豌豆作原料，經過夏日曬、冬撈冰、貯陳、老熟四大特殊工藝，新醋製成以後，需要放在大缸裏經過至少一年的陳放，5 公斤醋只剩下不到 1.5 公斤，才變成陳醋。除了給食物調味，老陳醋更有強身健體的醫效。

15 世紀初有一個製醋的作坊叫做「益源慶」，以幫人磨麵、釀酒、製醋為生。1410 年被寧化王府收編，「益源慶」成為王府的高級定製，並日益發展壯大，不但在城中熱賣，還深受上流社會名人青睞。民國時期閻錫山屬下的八大高幹都常年食用「益源慶」的醋，由店夥計定期挑簍送到府上。現在，寧化府的人氣一直居高不下，每天清晨都有人騎着單車來排隊打醋，到了過年過節前夕，寧化府門口打醋的隊伍有幾十米長。大家都說寧化府的醋味道不一樣，酸而不澀，略帶些烟燻味，綿柔醇厚，層次豐富，回味深厚。

| 老陳醋

四川保寧醋

四川人愛保寧醋，保寧醋就是為川菜而生。川菜的調味出了名的千變萬化，川廚對於香料和各樣調味的配料的搭配也達到了出神入化的水平。出自四川的保寧醋如果單獨品嚐一點也不討好，這種以麩皮、小麥、糯米為主要原料，配以砂仁、杜仲、花丁香、白蔻、木丁香等多種健脾養胃中藥材製曲發酵而成的醋，講究用嘉陵江中流冬水釀製。獨特的中藥材香氣非常濃郁，酸鹹味也略重。然而就是這種特質剛好配合講究和味的川菜，保寧醋可以神奇地與蜀中各種調味品和諧相處，其他品種的醋都要略遜一籌。突出酸味的菜餚比如魚香肉絲、酸辣鱔魚、宮保雞丁，加入保寧醋會特別美味，因保寧醋含有少許中藥味道，會比其他醋更香。

第一次發酵

台灣烏醋

烏醋，一開始就叫人想起福建和台灣令人流口水的小吃。用糯米、紅麴為原料發酵陳釀，調和其他材料、香料的烏醋有特別突出的去腥作用，使得經過它調味的諸如內臟或海鮮類的菜品能獲得更多的變化層次。而且諸如果汁、蔬菜汁、香料的加入，讓烏醋蘊涵着獨特的烏梅、黑棗的果香，令它更像一個混合調味汁，而不是單純的醋。這剛好跟閩南地區發達的小吃文化相配合。加上臨海，各種海鮮豐富，用腥味很重的海鮮來蘸又香又鮮的汁，剛好。

烏醋在台灣很流行，或許是因為古早台灣菜和台灣小吃常用內臟和小海鮮的緣故。於是台灣路邊小吃蛤仔麵綫、肉羹、鴨肉羹、土坨魚羹都要加一點烏醋，炒內臟也要用烏醋來去除雜味。

燻醋

49 古法北京烤鴨

當你夾起那一片鴨皮對燈直視，就能看見燈影從猶如琉璃的鴨皮中淡淡透出，那光影美得讓你知道美食就是藝術。放一片在口中咬落，像在咬一片薄薄的糖片，脆得可說是用牙齒輕碰即碎，也不曾感到一絲油膩。傳統烤鴨就是這樣的！

烤鴨可謂是從宮廷禦膳演變為民間美味的最成功範例，歷史久，名聲廣，連文人墨客都要吟詩弄文對它讚美一番。文字上的美味留人念想。烤鴨好吃，有一大半原因是來自對百年老傳統的尊重和堅持，形式上的精緻可說是無與倫比的，光是沒進烤窯之前的開膛、吹氣、上糖、風乾等準備就已經花了兩天的時間；到鴨子進窯烤製時，更是需要經驗老到的師傅時刻盯住，將鴨子挪位置避免火候過大或過小；再到片皮的時候，又得整齊地片開 108 片，其中要求必須有烤得如威化的鴨皮是純粹的皮一碟，另外又有肉皮相連的一碟，鴨胸所謂的裏脊兩片，鴨脖子與鴨頭又一碟，複雜程度可見一斑；再加上每家店自己秘製用來點鴨的醬和透明卻捲鴨時候不穿的荷葉薄餅，還有一大堆蔥絲、黃瓜、雪梨絲、蒜泥、心裏美蘿蔔和白糖……那一口充滿鴨油甘香的味道永遠是無可替代的。

傳統烤鴨，在被片下第一片皮的瞬間，內裏的鴨肉重見天日般地湧出一股幽雅卻熱烈的香氣，並且還伴隨着熱騰騰的水蒸氣。細嚼一下就發現，鴨肉不像被火烤熟的質感，卻像是被高湯輕輕氽熟那般，還會沁出淡淡的甜汁，那一陣如同紅薯與蜂蜜混合的糯糯甜香一般，實在與眾不同。這便是灌水的緣故。而從爐中提出的油光水潤的鴨子，體積身形比想像中的要大得多。片鴨師拿刀在鴨胸處輕輕一抹，就聽到「啵」的一聲，鴨皮就已經與鴨肉呈現分離的狀態，兩者之間更是留着明顯的空隙，讓肉是肉、皮是皮的片鴨法似乎變得極為容易。而這些秘密都在於烤鴨烤製前會事先吹氣的緣故。

傳統烤鴨爐

灌水 │ 鴨子在烤製之前，烤鴨師傅會先將水灌入腔內，這樣爐火烤製着鴨子的外層，
同時腔內的水也會受熱，形成外烤內蒸的效應，令鴨肉的質感能夠保持水潤。
另外，水蒸氣能更快地將鴨子從內到外地蒸熟，讓鴨子保持最好的狀態，避免長時間烤製出
現烤鴨外皮過焦而裏面卻還沒有烤透的狀況。至於烤鴨灌的水，可不是一般的水，而是用紅
棗與枸杞子浸泡的秘方汁液，一來讓鴨肉多了一股誘人的香氣與味道，二來，也令滋補的汁
液滲透到鴨肉之中，有益健康。正是這種完全從老一輩傳承下來的手法，讓烤鴨多了一份古
樸氣質。

吹氣 │ 烤鴨烤製前會事先泵入空氣，這樣一來，烤鴨會因為熱脹冷縮的原理，受熱令
其在烤製後變得更加圓鼓，遇冷是因為鴨肉在出烤爐後溫度降低，會加大肉與
皮之間的空隙，導致皮肉分離的效果。為鴨子打氣也是件技術活，一旦打少了皮肉分離的效
果就會差不少，氣多了又會打爆鴨身，雖然不會變成鴨子炸彈，但最後的賣相肯定是過不了
關的。

為什麼要用北京鴨 │ 除去傳統的原因，養了45天、3公斤重的北京鴨可謂是
做烤鴨大小肥嫩最適宜的鴨子，皮下脂肪豐富，能烤出
油脂香，肉質幼滑又有足夠鴨香，遇到好的烤鴨師傅，外皮酥脆之外，鴨肉還能保持很好的
汁水，什麼醬都不用蘸，就這麼直接吃，已經讓人叫絕。

北京鴨實際上一直是鴨中的極品，因為北京鴨肥瘦分明，肉質鮮嫩之餘，味道不酸不腥，加
上皮下脂肪厚，很多國家因此而用北京鴨與當地的名鴨配種，育出像櫻桃谷、法國白鴨等不
少世界著名品種。很多人會對北京鴨與北京填鴨的名字有誤會，其實說的就是一種鴨子，唯
一不同的是作為填鴨，在 30 多天大的時候，會有 10 天左右的填食期，以催生脂肪，這樣
才會在烤製的時候令鴨子的皮充滿了豐美的鴨脂香味。

| 鴨刀 | 鴨皮 | 鴨肉 |

鴨刀：片鴨師的寶貝

很多時候，人們都只會關注片鴨師傅的功夫而忽略了他手上的那一把鴨刀，這把特殊定製的鴨刀之所以會那麼與眾不同，是由於它的刀鋒與刀背基本是同樣的厚度，可以令刃口在切割時達到水平，並且刀身更薄，也比一般的刀更加鋒利。刀的長度會比一般的刀更瘦更長，是因為要來回片的緣故。

也是這個緣故，片鴨刀只能適用於「片」的刀法，較軟的刀身更不耐磨，所以壽命通常會比其他刀類更短。鴨刀的形狀會根據使用者的用刀習慣逐漸改變，就像有些習慣手腕使力的片鴨師，其刀會因「轉」而令刀身中間部分逐漸凹入，所以一旦片鴨師不用自己的片鴨刀，那效果就要大打折扣了。

鴨爐：好鴨製造間

好的烤鴨，除了鴨子先天的質量外，最重要的還要看那烤製的鴨爐，只能大致地描述，像爐壁的磚頭要砌多厚才能夠吸收熱力，同時又能夠緩慢地釋放熱量，令鴨爐達到恒溫的效果，而有些新式的鴨爐則會四周鋪以不銹鋼板，令熱紅外線能夠不斷地反射以穿透鴨身，令鴨子更大面積又均勻地接受熱力，鴨皮的效果更為完美。

烤鴨配酒

汽酒：Nicolas Feuillatte Grand Cru 無年份香檳

葡萄品種　100% 黑品樂

搭配原因　非常精緻的一款香檳，既沒有 Krug 的剛猛霸氣，也不像 Moet & Chandon 那麼圓滑平和，整體的酒感充滿了趣味性，輕柔的酒體加上若有若無綿軟的氣泡，更是令這款相對 Boutique 的香檳充滿了魅力。這款酒的酸度恰到好處，而且還充滿了熱帶水果的香氣，為烤鴨帶來一股清新的氣息。

紅酒：Seghesio Zinfandel Old Vine,Sonoma

葡萄品種　100% 仙粉黛

搭配原因　由於是老樹葡萄的原因，這款仙粉黛不但毫不扭捏，而且還高貴平和，緊密的單寧結構讓酒顯得比其他波爾多風格的酒更加高調，黑色水果與皮草的香氣令酒的回味充滿了深度，相信也令烤鴨的口味更加豐滿雍容。

白葡萄酒：Domaine du Tix

葡萄品種　100% 維奧涅爾

搭配原因　這款維奧涅爾由於產自普羅旺斯的原因，酒中那一陣濃郁的白色雛菊香隨着開瓶的瞬間一擁而出，那股令人置身於佈滿鮮花山坡的意境，夾雜着濃郁的杏脯甜香，會令烤鴨的味道變得無比優雅，潔白清新的感覺會令有些油膩的味道變得非常乾淨，而且結尾放鬆舒服。

50 五常大米

當你從煮着雪後第一撥黑龍江五常大米飯的那口鍋的面前經過時,你也會毫不猶豫地用買牛肉的價錢去苦苦等候新米的發售。那時候東北已經大雪封山,剛剛從黑龍江五常特殊劃定的幾塊有機稻田收割脫殼完畢的新米,粒粒頂着雪白的尖,找一個銅鍋,拿冰川的融水來煮它,不出一刻鍾你就會聞到青草、鮮花、水、陽光還有紅棗等等美好的混合味道,那是勝過一切調味品的最慰藉人心的味道,當米飯煮好後粒粒油亮飽滿半透明,有恰到好處的黏度和彈性,即使不用菜也能吃下幾碗,吃得人心很熨帖,勝過日本越光米幾分。

五常在黑龍江省的最南部,距離哈爾濱 120 公里左右,屬於哈爾濱管轄的一個縣級市,面積 7512 平方公里,是全國最大的水稻田超百萬畝的縣級市之一。從 1835 年開始種植水稻,距今已有 177 年的歷史。因為五常肥沃的黑土和極大的晝夜溫差讓這裏的大米生長緩慢,但能集聚最好的風味。然

豐收的稻田

而超市裏大量售賣的卻不夠好,好的五常大米很顯然是需要限量購得,並且新米的最佳滋味持續不到一周,因為它有太豐富的油脂,除了密封還需要冷藏,否則將風味盡失。

老北京涮羊肉

51 老北京涮羊肉

銅鍋、好炭、清湯，新鮮的大尾綿羊的上腦肉切片，端上一盤來，「薄如紙、形如帕、勻若晶、齊如綫、宛如花，放在青花盤後能透過肉片隱隱看到盤上的花紋」，夾起一片，放到鍋裏一涮，蘸上腐乳、芝麻醬、醋、醬油、魚露、醃韭菜花、辣椒油、紹興加飯酒調製成的蘸料，滾燙的肉汁混着入口即化的羊肉，立刻就能體會到羊肉的至嫩境界。一鍋清湯涮過羊肉之後，會愈發清亮，最後煮白菜、豆腐、粉絲，加上一個現烤的芝麻燒餅作點心，這就是一頓地道的老北京涮羊肉。

羊肉卷 | 羊尾油

52 可以吃的擂茶

擂茶據說是源自客家人的飲茶習慣，一直以來都不是以喝為主，更像一種食物，勝在夠熱鬧夠溫暖。每年新茶新下的時候，人們喜歡將新鮮的茶葉採下，同時折一根新鮮堅固的茶樹枝，目的是讓擂出來的茶有同根同源渾然天成的茶香。就這樣把茶葉放入擂鉢裏，用茶木將其碾碎，一邊不停地加入花生、核桃、炒米、紅棗、芝麻等乾果糧食，待鉢中的食材都搗碎成糊了，擂茶也就做好了。眾多食材在經過這種方式碾碎後，更容易將本身的香味釋放出來。在客家人的習俗裏，擂茶是用來招待遠方客人的，熱乎乎的擂茶芳香四溢，捧在手心，是溫暖的人情。

擂茶在不同的地方有不同的表現形式，大致來說用的都是綠茶，然而在配料上就五花八門起來。比如湖南安化民間的做法喜歡在擂茶中加生薑和胡椒等食材，而在飲用擂茶上也是加鹽加糖悉聽尊便，更別說在細節食材上的選擇，一切都看個人的飲食喜好。在溫熱的春天可以加一些生薑以通陽化氣；夏天可以加藿香來健脾開胃，或者利用金銀花、荷葉、薄荷等做成一碗清涼解毒的防暑茶；秋天風燥，正是白菊花當令的季節，在擂茶中加一些白菊花以潤肺明目，而寒冷的冬天則可以加入紅棗來祛濕驅寒。一年四季，看身邊的原料信手拈來，既美味，又有藥用養生的效果。

擂茶工具 | 其實做擂茶,具備一個擂鉢和一個擂持基本上就已經成功了一半了。
雖然我們沒有很傳統的民間家傳的陶製擂鉢和新鮮的茶木條,但只要
找到相近的工具,一樣能做擂茶。在日式料理中用來碾磨芝麻的陶瓷碗與擂鉢有着異曲同工
之妙,同樣在碗壁上有着細密的溝紋,便於將食材碾碎,另外搭配的木質碾棒敦厚圓潤,很
方便使用,儘管沒有客家擂茶那般的粗獷和原生態,但也算是都市版的精細擂茶了。

怎麽喝擂茶 | 擂好的茶在喝法上大致分為兩種,一種是直接沖泡,因為做擂茶用
的食材基本上都是可以直接食用的或是已經加工到七八成熟的,因
此用熱水沖下之後即成一杯好茶。喝的時候可以加一些鹽或者糖,更能感受到濃郁的鄉土氣
息。另一種喝法則是用煮,擂好的茶加適量的水放入鍋內,先用大火煮開,再轉小火慢慢熬
煮到像粥一樣濃稠,就算是完成了,這種方法炊煮的擂茶既可以當做茶來解渴,也可以當做
主食來對待。

| 製作擂茶

配茶的桂圓乾 ｜｜ 配茶的點心

搭配的茶點　｜　如果是用沖泡的方法來喝擂茶，可以選擇含有豐富杏仁顆粒的杏仁
餅，一來杏仁在經過炭火烘焙後散發出來的香味與擂茶中的堅果香
非常接近，如搭配菜品一樣，統一的味道不會讓人有突兀的感覺，二來以這樣方式沖泡的擂
茶不會很濃稠，一些有酥脆口感的點心會讓它變得飽滿。

如果用煮的方法來沖泡擂茶，那就是另外一種風格了，因為茶體濃稠似茶粥，就不能選擇太
有飽腹感的點心，不然會給人過於厚重的感覺，最合適的就是用一些乾果來豐富口感，比如
曬到半乾的桂圓，果肉的水分不會太多，可以將其加入到擂茶中一起食用。

53 昆侖雪菊

那瑪瑙血色一樣溫潤鮮艷又透明的茶湯，像極了陳年的上好普洱，散發着蜂蜜、甘草、陽光、藏紅花一樣複雜的清香，叫人聯想到大片大片盛開的菊花。一朵朵豌豆大小的深橘色菊花懶洋洋地沉在壺底，這就是昆侖雪菊給人的第一印象。

昆侖雪菊只生長在新疆和田海拔 3200 米至 5000 米的昆侖高山之間，具體地理位置為新疆和田地區皮山縣境內克里陽山區。而克里陽山區則靜臥於被稱為「萬山之祖」的昆侖山之中。一共不超過 100 萬平方公里的地方，可以算得上是世界唯一一種在雪綫上生長的野生純天然菊花。山上氣候寒冷潮濕，空氣稀薄，山中植物都產量少生長緩慢，雪菊與雪蓮為伍，與蟲草為伴，每年 8 月盛開，花期短暫，似曇花一現，產量極少，彌足珍貴。花瓣呈金黃色，球形花蕊呈棕色，天然的菊香馥郁芬芳，兼備紅茶之味，往往有很高的藥用價值。

昆侖雪菊一年產量不到 5000 公斤。但可「破血疏肝，解疔散毒」，降血壓、降血脂、殺菌、抑菌、消炎、預防感冒和慢性腸炎，藥效明顯，因而更顯珍貴，售價也超過一般菊花茶。

瑪瑙血色的昆侖雪菊茶湯

54

西班牙橡果味
小牛排

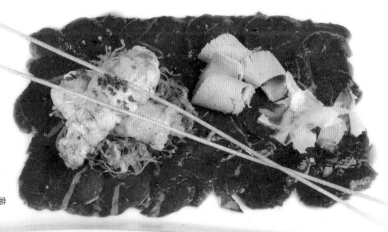

這幾年，西班牙吃橡果的伊比利亞黑豬製成的
風乾火腿，叫大家歡喜若狂吧！而它那充滿果
香的滿身肥肉，在世界各地的餐廳中，隨便一
煎便能賣個幾百塊錢，也是豬肉界的最上等食
材！但這正牌國寶級的肥豬，原來還有同鄉的牛，它們也是在伊比利亞黑豬居住的
Salamanca 地區橡果園，吃着橡果長大；從第45天開始，就一邊喝奶一邊吃橡果了。

不過牛與豬畢竟有分別，牛天生脂肪比豬少得多，只吃橡果，脂肪就會不足，所
以小牛除了橡果，還要吃玉米、穀物、乾草等等，以培養更多的脂肪（因為牛排
的香味主要就是靠脂肪，不夠肥，肉便不夠香、不夠鬆軟了），還會在它們一歲
時便宰殺，不會等它們到成年的兩三歲，以便肉質更嫩。

因為風味特別，這種 Salamanca 小牛排在西班牙很普遍，現在仗着伊比利亞肥豬
而打進國際市場，在意大利、葡萄牙開賣。最近在香港的高級超市也有其中一個
品牌「Clover Value」銷售，價錢跟美國、澳大利亞安格斯牛排差不多；雖然油花
不比兩者強，但小牛肉中滲有淡淡果仁香，也是市場少有的獨特新貴。由於背景
與伊比利亞豬這麼相近，願意嘗新的人頗多。

橡果味的小牛排

泡一盏沉香茶

55 沉香入茶

在世間所有的香氣中，沉香的香氣最能讓人平靜。沉香木的芳香是所有木頭的香味中最讓人身心愉悦的，也許其中那股淡淡的甜，伴隨着絲絲的清涼，讓再煩躁的心都不禁要靜下來。用沉香煮水泡茶的習慣自古有之，並不是多麼玄妙的事情，簡單到只要將幾粒小小的沉香放入純淨的水中慢慢煮沸，再以之沏茶即可。

方法雖然簡單，但卻妙在它的味道上，沉香木可以説是所有木頭中最芳香的，也極其堅硬，別看用來煮水的沉香體積小，能量卻是巨大的，一小塊沉香木可以經過上百次的烹煮，味道卻能依然如故。如果有一天，你覺得沉香的香味變淡了，可以拿出來將它曬乾，之後這神奇的木頭又會重新冒出油脂，香味不改當初，實在是非常耐用。

薰香之道

用沉香煮出的水代替普通的清水沏茶，能給本就清明的茶葉多一分軟滑和暖暖的涼意，聽着似乎是矛盾的，可沉香的香本就是這樣，既是暖香，又帶有清甜的蜜意，這也許就是它能醒人神智之處吧。用沉香水來泡普洱，不僅能去除普洱難以避免的陳倉舊味，而且會令茶的口味更加圓潤醇厚；用來泡岩茶，會將老岩茶那股焙火的野性馴服為一股柔順的甘甜；如果用來泡鐵觀音，會讓茶香愈發明顯，更是會多一分蜜樣的回甘；當來年的新茶下來時，不妨用來泡龍井、碧螺春等綠茶，清幽與飄逸的美妙是人生一定要嚐的味道。

沉香是什麼

沉香的形成是瑞香科沉香屬的喬木型香品種樹木受到傷害後，樹木本身分泌了樹脂令傷口結痂，另加外部天然環境與經過數十年甚至數百年的陳年後結成的「有緣之物」。

根據受傷和形成的原因，沉香分為四大類：在生長過程中因自然腐朽而成的「熟結」、被刀斧劃傷而成的「生結」、整棵樹木腐朽後受到真菌感染以及風雨侵蝕的「脫落」、因為被昆蟲蛀咬引起的「蟲漏」。因為形成原因不同，不同沉香的香氣和形態自然也各有特色。

沉香使用的禁忌

沉香既然名為「沉香」，在藥理上因為它有降血壓的作用，因此血壓本身就比較低的人不適宜長久地飲用沉香茶，孕婦也要慎飲慎用。也因為沉香的藥力比較大，所以內火燥熱的人服用後會更加上火，尤其會令感冒的人病症加重。

作為日常泡水選擇的沉香也有講究，生結的沉香藥力相對較為霸道，常喝對胃會有一定的損害，而熟結因為屬於樹木枯萎後才結出的香，所以就較為溫和，適合經常飲用。其實這個道理好比普洱的生茶與熟茶，生茶味濃刺激，喝多了會傷胃，而熟茶經過歲月的沉澱，會變得柔和很多，反而有養胃的效果。

焚香的種類

沉香的味道宜人，但因結香年期和形成方式的不同，我們無法以產地作為其等級的比較，通常只能以實物的油脂分佈作為沉香品質的鑒別標準。在這個基礎上，產地氣候的不同會令沉香有更多的個性，就像來自印度尼西亞達拉干的沉香，其色澤厚重偏黑，香氣醇厚帶甜，是煮水沏茶常用的品種，薄薄的一片就能為整壺水帶來非比尋常的味道；來自越南惠安與芽莊的沉香，前者香氣清甜，帶着一股杏仁的清涼，後者醇厚悠遠，點燃後的香味更有一股暖意；而級別僅次於沉香之王奇楠的紅土，則帶着濃郁的蜜糖香味，讓人平靜並感到渾身舒坦。

香道

沉香木

選擇你的香

綫香　一般上好的沉香都會以綫香的形態出現。因為要用最細的香粉粉末才能做成綫香，所以點燃後的氣味都特別細膩雅緻。綫香的燃燒時間最長可為 40 多分鐘，並且優質的綫香燃燒後香灰都能保持不斷，呈現出「打捲」甚至打雙結的模樣。

塔香　塔香一般以香粉倒模而成，由於其形狀如塔，故稱塔香。因為塔香的形狀上細下粗，所以燃燒的速度比較快，香味的散發也快，能聞到香味的空間也比較廣。正因如此，塔香的燃燒時間很短，通常在 15 分鐘左右。也正因為這個原因，一般不會用最好的香料來製作塔香，有浪費之嫌。

盤香　在所有的香中屬於燃燒時間最長的一種，通常可以達到 2 小時，長的甚至可以保持 4 小時之久。製作盤香通常都會用沉香與其他藥材混合，因此盤香的味道都較為濃厚，以達到聚而不散的效果。

香粉　香粉就是所有香在成香前的原始模樣，用沉香研磨而成，其中也有粗細之分。香粉可以壓製成香，也可以直接點燃或者放在電香爐中通過加熱焙出香味。最有意思的香粉用法是找到一個篆香爐，可以將香粉倒模出各種有寓意的字樣，然後再點燃，這是古人玩香的一個方法，可以將時光變得漫長而有趣。況且，香粉在使用上更為隨意，可以根據自己的喜好，或者古人的配方，將香粉與藥材和其他香料自行合香，令香味有更多的變化和個性。

各類沉香

沉香茶

56 老起子麵包

麵包好吃並不只是因為麵包師的技術出色，還在於每個麵包師都有他的秘密武器，那就是傳家寶似的老起子。現在有很多追求快速發酵的麵包用的都是乾酵母或者鮮酵母，雖然速度快了，但味道總是覺得差了點什麼。那是因為無論是需要激活的乾酵母還是活性的鮮酵母，都比不上用老起子來發酵的魅力。如同老麵饅頭，老麵吸收了無數發酵麵團的精華，年復一年的存在，像酒一樣越陳越香。

用老起子和麵

第一份老起子通常用如蘋果、葡萄或梨等天然水果，將它們搗成糊狀之後密封起來，等水果中的天然酵母自然發酵，之後再加入麵粉，再等待其發酵，這樣，原則上的起子就算是完成了。用老起子發酵出的麵包香味醇厚，而且因為全天然無添加，也為麵包增添了質樸的自然氣息，是麵包資深食家的首選。

人間美味100道

124

剛出爐的老起子麵包

57 一生必試三款辣醬

世界上辣椒醬之多，沒有全部認識完嘗試完的可能性，但只要嘗試了下面這三款或世界級辣王或最有故事的老字號辣椒醬，可以說已經是辣遍天下無敵手了。

辣醬老字號：余均益

要在世界的辣椒醬裏選一款必試的，那這款來自香港的余均益辣醬就肯定榜上有名。作為本土的第一個老字號辣醬，余均益保留了傳統廣式辣椒醬的做法，在坊間為了產量早已轉用電動鋼沙磨的時候，這裏卻依然故我地停留在石磨、木桶與木槳的階段，為的就是不讓高溫破壞辣椒本質的味道，也好讓醬的味道保存得更長。難怪這家的價格會比同類辣醬貴一倍有餘。

為什麼這家辣醬有這麼多的鐵杆粉絲？主要因為它是屬於廣式辣醬裏最有名的甘竹灘風味。所謂甘竹灘辣醬，講究原味新鮮，酸香辣平衡，所以幾乎都會要求全手工製作，而且在炒製的過程中更會加入紅薯來調味，讓辣醬裏多出一種綿綿的質感之餘還會有一絲甘甜。而到現在甘竹灘辣醬裏還堅持最正宗製作的也就是碩果僅存的余均益。

這種辣椒醬在當地已經算是衡量一家麵檔餐廳的水準的標誌。不過，余均益還是與粉麵搭配才能碰撞出動人的火花。特別是一道乾炒牛河，余均益不單讓河粉滑溜的口感與充滿鑊氣的味道變得明顯，也會去除掉油膩的感覺。

要你命：南非 Bushman's 陳年辣椒醬

這款辣醬雖然辣到靈魂出竅的程度，但又不是那種一味地死辣，特別在那一種要命的辣味稍微減弱後，竟然還會冒出一股難以形容的濃郁香味，近似焦糖和咖啡的香氣讓這款來自非洲的辣醬多了讓人既恨又愛的味道。這款辣醬的味道之所以這麼獨特，主要是它不但含有意大利黑醋、比利時 70% 純度的黑巧克力與墨西哥哈巴里安魯燈籠椒（Habanero），而且還將這些材料儲存陳年 5 年以上，讓辣椒的辣味完全釋放融入到醬裏面，所以盒子上也會特別注明「限量版」字樣和產品批號。這樣骨灰級的辣，別輕言自己受得了。

這瓶辣醬除了偶爾可以捉弄朋友以外，還可以有很多種用途。特別在燉煮的俄羅斯紅菜湯裏滴上幾滴，那股香濃的味道實在是好得難以形容（當然也很辣）。如果嫌西餐太遙遠，那就在炒飯的時候加一兩滴，保證讓人食慾大增。

國產辣王：海南燈籠辣椒醬

嚐過這號稱是「中國最辣的辣椒醬」，你就會發現那股辣味直沖腦門，隨之而來的呼氣都帶着熱浪。中國獨有的燈籠椒唯有海南島才能種植出產，而這個與世界辣椒王 Habanero 同科的海南燈籠椒看似毫無殺傷力，嫩黃的顏色還會給人特別可愛的印象，其實暗藏殺機。有人説嗜辣的人追求的都是一種被虐的快感，吃過海南燈籠辣椒醬才體會尤深。因為辣醬本身在辣以外還會伴隨着一陣尖鋭的醋香，讓辣與酸之間充分發揮着開胃的作用，讓人在感受那股急促的辣味之餘，醋的酸度還能恰到好處地在辣度承受的臨界點前及時化成一絲清爽的回味，令人不斷地在被辣的界限上徘徊而逐漸享受。

海南燈籠辣椒醬最好的搭配方法就是調到一大碗牛肉或者羊肉湯裏，湯裏還有米粉和煮得軟糯的肉片，與新鮮的香菜混合，那一陣鮮到骨子裏的湯水再帶一點辣椒醬的酸辣，才叫過癮……

58

Michel Cuize
的巧克力

雖然巧克力人人愛，但要數到品鑑級的巧克力，唯有來自法國的老店 Michel Cuize 才算是真正的王者。這家在 1987 年開業的巧克力店，在世界上擁有 Mangaro、Maralumi、Los Ancones、Concepcion、Vila Gracinda 共五個經典產區的一級巧克力莊園，而所產的可可豆自然就比一些依靠採購別處可可豆的巧克力店更有優勢。

與著名的葡萄酒酒莊一樣，除了擁有優越的產區以外，Michel Cuize 最與眾不同的地方就是其巧克力的製造工藝，因為在巧克力製作上它們完整保留可可脂，所以在乳化的過程中不添加任何蔬菜油脂及大豆卵磷脂對可可的原味作出稀釋，味道就自然更為醇正濃厚，也能夠出產稀有的 99% 純度的巧克力。

正因為如此，Michel Cuize 巧克力的結構是屬於極為平衡的，無論酸度、苦味與香氣，都能够極為優雅，而放入口中纖細之餘又特別地綿滑，這完全就能看出其油脂濃厚的把握度是如何的精準，醇厚的苦味與恰到好處的酸度更是令其整體充滿了立體性，怪不得世界所有星級餐廳的餅房中都會出現它的影子，而近 80 元 100 克的普通版都會如此地搶手。

手工巧克力

西班牙Joselito火腿

如果要選西班牙最流行或者最昂貴的一種食物，那一定是西班牙火腿。最接近野豬的伊比利亞黑豬品種，在山裏自然放養，吃野生的橡果長大，在獨一無二的地中海和大西洋交界處的氣候下風乾成熟，令西班牙人為之着迷了好幾個世紀，走到哪裏都可以看到火腿高懸的身影。用特製長刀切下薄薄的一片來，緋紅的瘦肉中間均勻佈滿了如雲絮、又像大理石花紋一樣甘美的脂肪，用拇指和食指抓起來整個放到嘴裏，在口中化開如同一個飽滿的親吻。

但並不是所有的伊比利亞火腿都如傳說中那麼地具有致命的誘惑力，特別當你第一次就吃到一些過鹹過乾的火腿，那相信以後你就與這個世界堪稱傳奇食材的火腿無緣了。被譽為「腿中勞斯萊斯」（Rolls-Royce）的 Joselito 肯定會讓你一再地驚艷。相比一些一半餵飼料一半餵橡木果實的豬來說，Joselito 細嚼之下會流出明顯橡木的堅果香味，而恰到好處的鹹度更會在後段變成幽幽的甘甜，相比那些一鹹到底的火腿，還真是腿比腿比死腿啊。

最好的西班牙火腿

最好的西班牙火腿被稱做Jamon Iberico de Bellota 或 Jamon Iberico de Montanera，意指在被宰前吃了12個月橡果和草木的野生伊比利亞黑豬的後腿做成的火腿。在西班牙的南部安達魯西亞的哈布果村，出產最好的伊比利亞火腿。這種火腿純天然且帶有橡果的風味，脂肪分佈特別均勻，每年12月至次年3月，已養至85~115公斤的黑豬，被送到那裏的橡果林吃櫟樹、橡樹的果子，成功長胖了50%以上的，會被選為最高等級火腿Bellota的「原材料」，瘦一點的，兩條後腿也會醃製成次一等的Recebo火腿。然而，只有兩條後腿能得「寵幸」，兩條前腿也只「勉強」地被賣去做「山火腿」（Serrano）。

整隻西班牙火腿

切薄片生吃是最佳食用方式

不要小看吃法

要善待上等的西班牙伊比利亞火腿，唯一的方式就是切薄片生吃，現切現吃。散養並且吃得絕對天然的伊比利亞黑豬成熟後，後腿在5℃以下的低溫中用海鹽醃製，然後在室內分別經過脫水、風乾，最後在地窖中低溫成熟。整個過程都不受外界污染，所以可以完全放心地生吃。火腿薄片配上一口啤酒或者雪利酒，就是西班牙典型的戶外生活的味道。也可以用一片火腿包住一粒烤乾麵團，就一口啤酒，這是安達魯西亞地區小酒館最流行的吃法。

伊比利亞黑豬

購買和保存

如果打算買整隻伊比利亞火腿，可以參考大陸購買大閘蟹的流程，當地給每隻原產地的黑豬腳腕上套個塑料腳環以示正宗，也有防偽熱綫若干。看起來伊比利亞火腿比白豬的火腿小（體積小的火腿有時更意味着年份，越陳的火腿越小也越輕，一隻五年陳的伊比利亞火腿只有6~8公斤），腳腕更細，豬蹄有黑色的光澤，外面脂肪的部分按下去有彈性。如果是一隻切開的火腿，看起來正往外滲油的比較新鮮。

整隻火腿被切開後，切面要用原來從火腿表面片下的肥油蓋住，然後才可以放進冰箱。如果打算掛起來，就一定掛在乾燥通風和涼爽的地方，且防止漏油，最好在兩周內吃完。

熱情的西班牙人

黑松露鵝肝

肥鵝肝（Foie gras）被稱為世界珍饈，它的魅力自然是非同一般的了，它那股微苦甘甜的味道和能像黃油般化在口腔裏的招牌質感，注定了它天生不平凡的命運。黑松露散發着混着麝香、濕地、肉桂的奇異氣味，再平淡無奇的菜餚也瞬間變得讓人心旌蕩漾起來，這便是黑松露的奇異功效。

這種多生長在法國南部普羅旺斯橡樹根部的黑色醜怪的塊菌，在巴黎的零售價已經高達數千歐元，美食家更是把它叫做餐桌上的鑽石。把松露切絲撒到剛做好的菜餚上以激發最大的香氣。兩者結合會有什麼美妙體驗？儘管很多法國餐廳的菜譜裏都會有鵝肝菜品的身影，可作為法國美食的國寶又怎麼可能光出現在餐廳這麼狹隘的層面上呢，來自阿爾薩斯 Sarreguemines DV Obernai 的黑松露鵝肝就是芸芸熟鵝肝裏面最頂級的一個品牌，在手繪的陶罐裏填滿了肥美的鵝肝，光是那股帶着黑松露的香氣就已經讓你迷醉，只想學小熊維尼挖蜂蜜那樣把裏面的鵝肝給挖出來大口吃呢。

61 西班牙黑豬肉

近年西餐桌上最流行的前菜，非西班牙伊比利亞火腿莫屬。用來製作火腿的黑豬，不止是那兩條腿金貴美味，它渾身都是難得的上佳肥肉。每年 12 月至次年 3 月，黑豬的四條腿會被選為製作各種等級的火腿，火腿商人會把身體的好肉賣給肉商，本地的、海外的，每年 3 月就來一批，賣給「識貨的」。因為伊比利亞黑豬吃的是天然橡果，至少有 4 個月的放山無籠走動時間，而且從圈養至放養橡果園吃果，黑豬一共需飼養約 18 個月後才能宰殺，而一般做西班牙山火腿（Jamon Serrano）的白豬、做意大利巴馬火腿的傳統大白豬（Large White Landrance 及 Duroc）、日本鹿兒島的黑豚和美國的極黑豚，都是飼養 9 個月左右便宰殺。豢養時間多出一倍，所以肉味也最濃，成為同類之冠。

然而，雖然豢養時間多出一倍，但伊比利亞黑豬的肉一點也不老韌。由於它們的脂肪極多，又經過山間放養，經常運動，所以脂肪都滲進肌肉裏，肉質都是「雪花」狀，脂肪均勻地分佈在層層肉裏，讓你吃起來肉香、油香兼備。本來伊比利亞豬肉就已經特別鬆軟，再燜，就香爛無比，啖在嘴裏，差不多入口融化；那豬肉的味道是久違的豬肉鮮香，確實美味。

脂肪分佈迷人的豬肉

西班牙頂級名廚的
Mugaritz 餐廳

Andoni Luis Aduriz

巴斯克芝士丸子　　　　　　　　　鮮花沙拉　　　　　　　　　精緻甜品

在西班牙第二代名廚裏，Andoni Luis Aduriz 無疑是被一致認可為最出眾的一位。而作為西班牙廚藝持續發展希望的 Andoni，繼承了前輩們對廚藝勇於探索的精神，創造了很多動人的菜式。在他位於聖塞巴斯蒂安郊外的 Mugaritz 餐廳，除了擁有一片種植了過百種香草蔬菜的花園外，他最為人津津樂道的就是把單純的料理昇華到一個精神層面的思考，而正是 Andoni 這種對料理本質的探尋精神，讓西班牙在世界美食的地位遠超其他把料理停留在物質層面上的國家。不過在 Mugaritz 餐廳我們吃到的不單是食材上的新鮮上乘與高深的烹調技巧，總廚 Andoni 更是承接當今西班牙頂尖的烹調技藝與概念，並將其進化為烹飪哲學與廚師創作精神，也許這正是將第一代的技術轉入第二代思想的一個進步吧。

一道小吃陶瓷土豆就已經先聲奪人。松脆的表面下是香濃嫩滑的土豆，蘸上相配的蒜頭蛋黃醬後果真是本質的味道。接着是名為「花、花、花」的沙拉，沙拉裏的花朵全部都是在花園裏新鮮採摘的，沙拉的味道自然是最濃郁的，那種充滿生命感的味道也許正是 Andoni 想要表達的吧。而最讓人感到驚喜的自然是作為高潮的主菜——黑炭乳牛排了。鮮嫩無比的乳牛肉包裹在以各種香草燻製的黑色表皮下，光看肉質嬌嫩欲滴的顏色就不用對口感懷疑，最特別的乳牛肉不做任何的調味，憑藉的就是肉質裏滲出的絲絲香味。在餐桌上，Andoni 給食客兩張分別寫着 150 分鐘享受和 150 分鐘惶恐的卡片，或許這真是 Andoni 本人不停要探求的答案……

艾帕歇斯芝士

63 法國艾帕歇斯芝士

這種橘黃色爛糊糊的法國鄉村芝士是如同榴槤一樣是不允許帶上飛機的,吃的時候要避開眾人。這是極具個性氣味的食物,一些國家甚至嚴厲禁止它的進口,就連許多法國年輕人都不敢碰,驚悚度相當於最濃的老北京豆汁。然而,就是一口熟到剛好的艾帕歇斯芝士(Epoisses),卻是許多芝士愛好者心中終極的向往。

艾帕歇斯芝士產自勃艮第,鄉村作坊堅持用手工和未經巴氏消毒的生奶來完成這法國氣味最濃烈的傳統芝士,因配製時會以鹽水、酒來洗擦其表面,所以外表是橙色的,熟成的時候那氣味一定勝過最臭的臭豆腐,濃烈刺激叫人一下就辨認出來,軟趴趴黏糊糊的內心隨時都要淌出來,然而吃到嘴裏卻宛若味蕾上盛開了千萬朵幸福美滿的花,鮮美濃郁,在口腔中圓潤又順滑,變化莫測的層次和觸感絲毫也不亞於勃艮第出產的葡萄酒。

生活在天然牧場中的法國奶牛

法國芝士的幾大類別

新鮮芝士
(Fresh cheese) | 保存期最短，水分多而新鮮，柔軟中帶點乳香。常見種類是新鮮酸乳酪（Petit-Suisse）、白芝士（Fromage Blanc）等。伴以蜜糖或蘋果泥蓉（Compote de pommes）一起享用，口感香滑。

花皮軟質芝士
(Soft sheese with white rind) | 法國最具代表性的成熟芝士種類之一，由於凝結與風乾方式不同，故又可分為白皮軟質乾酪及鹽水清洗白皮軟質乾酪。常見種類有布裏（Brie）、卡門培爾（Camembert）等。可直接食用或配以口感圓滑的法國勃艮第（Burgundy）紅酒。

融化芝士
(Processed cheese) | 通常經過加工處理後成為片狀芝士，口味眾多，如火腿及核桃等都混入芝士中。保存期限較長，常於超級市場出售。片狀芝士可夾三明治或漢堡包；當然可直接食用，或加入果仁、蔬果等。適合大眾不同口味，人人喜愛。

壓縮未成熟芝士
(Semi-hard cheese) | 這種芝士的成熟期較長，所以質半硬，富有香濃奶味、味道濃烈，而且外表色澤多變。常見種類有岡塔爾（Cantal）、米莫萊特（Mimolette）。這種芝士較多搭配三明治；也適宜配以口味較清淡的紅酒，例如法國博若萊（Beaujolais）或果香濃郁的法國勃艮第（Burgundy）的夏布利（Chablis）等。

芝士拼盤

壓縮成熟芝士
（Hard cheese）

這種芝士的質感和外皮都較堅硬，大多有氣孔，這是發酵過程中氣泡造成的變化。口感較濃，質感較硬。常見種類有埃曼塔（Emmental）、博福爾（Beaufort）。可與麵包或三明治一起食用或製作芝士火鍋；也適宜配以口感濃郁的紅酒，例如法國波爾多（Bordeaux）的梅多克（Medoc）或羅訥河谷（Cotes du Rhone）的帕普（教皇）新堡（Chateauneuf-du-Pape）產區等。

山羊芝士
（Goat cheese）

顧名思義是由山羊奶製成，香味與牛奶芝士截然不同，口感濃烈及帶果仁味。常見種類有聖摩爾（Sainte-Maure）、山羊芝士（Chèvre）等。可配搭麵包或作為美味前菜，用橄欖油及百里香配生菜的吐司；也適宜配以法國盧瓦爾河谷（Loire Valley）的桑塞爾（Sancerre）或勃艮第（Burgundy）的馬孔（Macon）等產區的白葡萄酒。

青紋芝士
（Blue cheese）

質感由半軟到軟膏狀，將芝士切開便可看到美麗的藍綠色花紋，是法國芝士家族之中極為特殊的一類，散發出獨特的香氣；口感清新又富特色。常見種類有青紋芝士（Bleu de bresse）、洛克福爾（Roquefort）。可伴麵包或製成小食；也可作為醬汁的材料，此外，搭配法國甜白酒十分美味，例如阿爾薩斯（Alsace）的瓊瑤漿（Gewürztraminer）或波爾多的索泰爾納（Sauternes）。

水洗軟質芝士
（Soft cheese with washed rind）

表面輕微堅硬，芝士團的內部卻柔軟，黏稠醇厚。由於使用了鹽水和白蘭地或其他酒類來清洗表面，所以別有一種獨特的香氣。常見種類有主教橋（Pont l'Evêque）、曼司特（Munster）。可直接食用及配以法國麵包或口感濃郁的法國勃艮第紅酒。

農夫製作奶油

法國手工芝士

在芝士之國法國人的眼裏，只有手工製作傳統芝士才是真正的芝士，好的芝士體現着牛奶（羊奶）和芝士師的個性。他們相信，牛奶是有生命的，如果牛奶加熱的溫度超過體溫，便會奪去牛奶的靈魂。芝士師必須用有生命的牛奶來製作芝士，他們運用自己的經驗和智慧，在製作過程中左右芝士的質感和口感，什麼時候加入凝乳酶、用多大的模具、在什麼樣的溫度和濕度下發酵，發酵時間多長，這一切細節，跟釀酒師一般無二，同樣微妙並受到尊重。他們相信，在這場創作中，需要生奶中幾十億個細菌和微生物來工作，它們忙碌的時間長短和環境造就了不同的口味。沒有這些菌類，就不能够把牛奶中的蛋白質和脂肪等營養成分分解成多種帶有風味的小分子。最終完成的每一塊芝士都是唯一的，獨特的，充滿了生命力。他們認為巴氏殺菌會殺滅牛奶中天然存在的乳酸菌和酶。

牛奶有不同

生奶

指的是未經過淨化滅菌的原奶。新擠出的牛奶中含有溶菌酶等抗菌活性物質，能夠在 4℃ 以下保存 24~36 小時。不僅營養豐富，而且保留了牛奶中的一些微量生理活性成分。

巴氏消毒

目前世界上最先進的牛奶消毒方法之一。巴氏消毒法將原奶加溫到 72℃ ~80℃，加溫時間是 3~15 分鐘，基本原則是能將病原菌殺死即可，從而最大限度地保存牛奶的口感和營養價值。溫度太高會有較多的營養損失。目前國際上通用的巴氏消毒法主要有兩種：一種是將牛奶連續溫和地緩慢加溫。採用這一方法，可殺死牛奶中各種致病菌，留下部分嗜熱菌以及芽孢等，大部分的乳酸菌被留了下來，乳酸菌不但對人無害反而有益健康。第二種方法將牛奶快速加熱到較高溫度，殺菌時間更短，但殺死的有益菌更多。

超高溫滅菌

使用特殊的設備，將原奶加溫到 135℃ ~140℃，保持 1~3 秒，可以徹底消滅原奶中的一切微生物，不過由於溫度越高，對牛奶的口感和蛋白質等營養成分的破壞就越大，因此超高溫滅菌奶的口感和營養價值就比巴氏滅菌的牛奶差多了。這是不需要冷藏的牛奶常用的滅菌方法。

成熟中的卡門貝爾芝士

64

Justin Bridou
法國香腸

可能你會說這樣的香腸只要在國外，尤其是法國、西班牙等國家生活過一段時間或逛過超市的人都吃過，有什麼特別？其實，特別的地方就在於這條香腸切開來有讓你驚嘆的整顆大粒的榛子果。

Justin Bridou 是法國著名的香腸公司，成立於 1978 年，在此 5 年後開始了 Le Baton de Berger 系列乾香腸的生產。這款香腸在傳統的豬肉乾香腸上有創意地加上了榛子，而且下料十足，切開來薄薄的一片，豬肉肥瘦相間，榛果被油脂微微滲透，呈半透明的淺褐色，橫切面煞是漂亮。撕掉表皮送入口中，口口都能咬到榛果，堅果的芳香與肉類的油脂香混合在一起，真是一種享受。如果想要更享受些，就搭配一杯清新的莎當妮，味道好得叫人能一口氣把整條香腸吃完。

有大顆榛子的香腸

65 法國居家「小吃」

每個地方都會有自家的居家小吃，如四川人的泡菜、泡椒；廣東人的腐乳、鹹魚；意大利人的油浸朝鮮薊、豬油膏（Lardo）……各式各樣，總之最地道、最傳統，隨手拈來。在美食大國法國，這些居家「小吃」當然也不少，單是肉批 Terrine 就有很多款，我們最常見的是鵝肝批（有些人叫鵝肝醬），其實還有鴨肉、雞肉、豬肉批，而且加進原產地其他的特產配料，就會生出很多美味的肉批。

法國護膚品牌 L'Occtiane 創辦人另開新業務，在香港開橄欖油雜貨店，店裏除了有南法極優橄欖油，還有很多我們不多見的地道法國居家小吃。肉批是其中一種，它那黑松露豬肉批，用地道普羅旺斯散養豬 Ventoux 製造，用它的肉和肝臟，配以當地黑松露、香料、橄欖油，製成非常香濃的豬肉批，松露味道原來與豬肉這麼配合！用來塗麵包、餅乾，配紅酒，無以尚之！

其他小吃還有無花果醬（Fig Chutney）和橄欖醬（Olive Tapenade）等，前者是將新鮮無花果與橄欖等配料、香料混合搞碎，加入意大利黑醋及調味料等製成的法式酸甜醬，通常用來做主菜的醬汁，如與煎鵝肝、烤豬排皆是很好的搭配。後者則是非常傳統的普羅旺斯蘸醬，以黑橄欖、水瓜鈕（capers）、朝鮮薊、香草等一起舂爛搞碎而成，可以塗麵包，也可以做蔬菜、羊排、魚類的蘸醬。

黑松露豬肉醬

菊苣的纖弱純潔之美

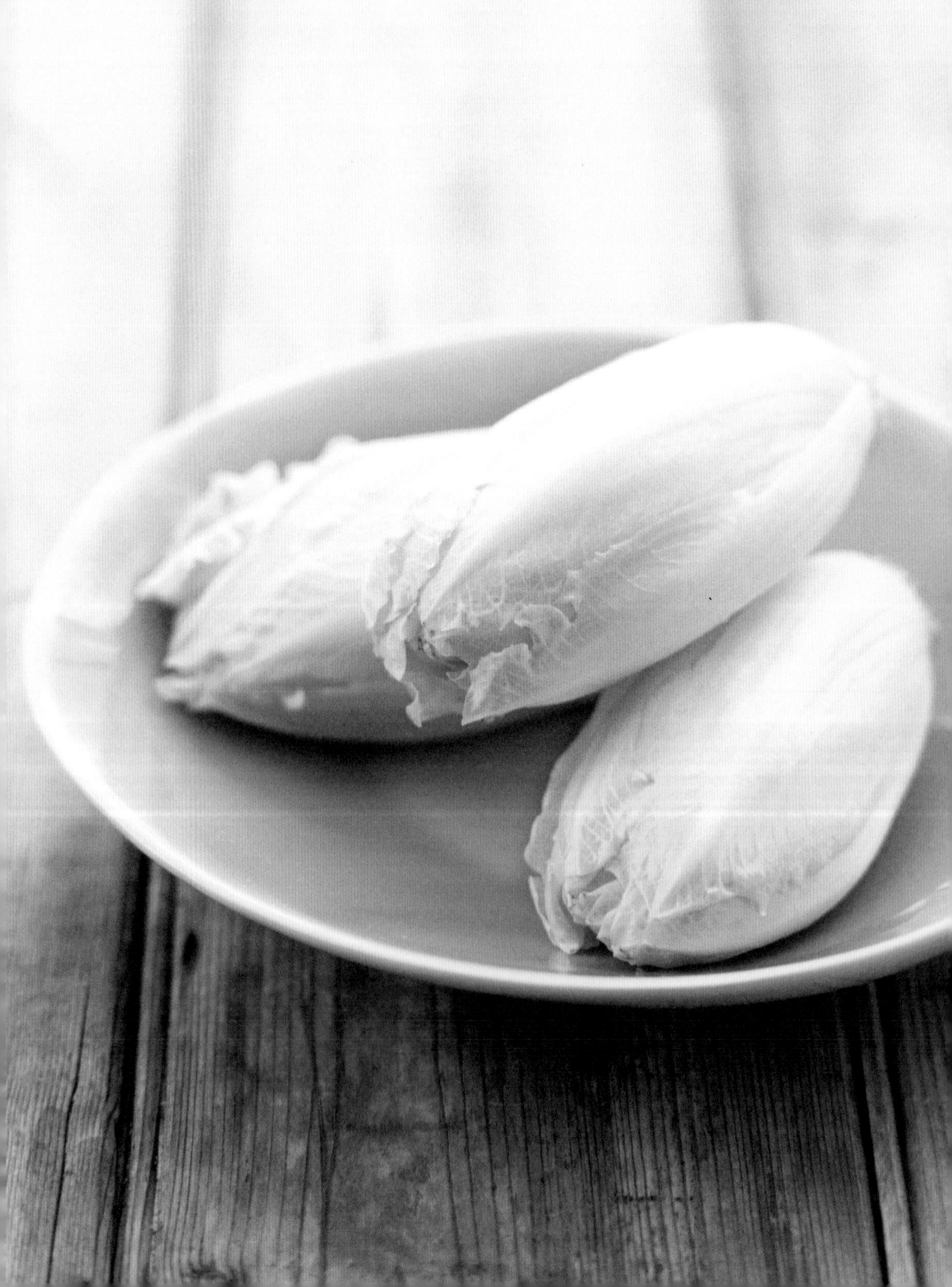

66

菊苣

第一次看到菊苣，以為是娃娃菜。葉淡黃，幹乳白。細微的不同只在於菊苣的葉子比娃娃菜包得更緊實。吃到嘴裏才發現，菊苣的滋味是如此不同。微苦，清脆，水分充足。苦後留在口中淡淡的回甘，讓這種食材的魅力猶如童話一般，夢幻多彩。菊苣的名字有很多。比如，咖啡草、咖啡蘿蔔。到了中國又添了另一個美麗的名字——玉蘭菜。名字的由來大約是因為菊苣的顏色淡雅，氣味清新，與玉蘭花相似。

作為原產於比利時的一種古老蔬菜，菊苣的名字不僅僅常常出現在歐洲各大主廚推薦的前菜沙拉菜單裏，還更多地出現在童話大師的筆下。除了我們常見的類似娃娃菜造型的這一類外，還有深紅色的菊苣。這兩種菊苣源於德國和法國。德國的紫菊苣，個頭較小，葉肉也是深紅色的，而法國產的菊苣則葉片較厚，幹莖呈奶黃色。菊苣具有很高的營養價值，不僅含有豐富的維他命 A，還可以清肝利膽，去火消腫，確實是餐桌必選的上好蔬菜。

如何做菊苣菜

用菊苣做前菜是最保險的選擇。因為菊苣口感爽脆，水分充足，而且那微微的苦澀很能提味，配上油醋汁或者橄欖油，與櫻桃蘿蔔、甘藍等口感滋味不同的蔬菜搭配在一起，絕對是完美的沙拉。

不過也可以讓菊苣成為主菜中的一個搭配亮點。一道三文魚沙拉中，將菊苣烤過，讓水分蒸發掉一部分，使菊苣的口感更加綿軟，藉以搭配肥膩三文魚入口時的柔和。還可以根據菊苣這種食材水分充足的特點，利用分子廚藝和慢煮的技術，將菊苣放在真空袋裏，加上橙汁和黃油，封口後將空氣抽離，放在60℃的溫水裏。3~4個小時之後，橙汁和黃油的香氣已經進入菊苣，而慢煮和真空隔離則保持了菊苣的水分和脆感。橙汁的微甜稍微中和了菊苣的苦澀，也能消解掉紅椒汁的些許辣味。

....

菊苣與咖啡豆 | 菊苣是多年生的草本植物。根莖素來有做成菊糖、香料的傳統。在歐洲和美國，還有不少人將菊苣的肉質根加工成咖啡的代用品和添加劑。這就是菊苣為什麼會被稱為咖啡草、咖啡蘿蔔的原因。而在古歐洲的農村，鄉親們也很習慣將菊苣的根和咖啡豆一起磨碎，用來泡咖啡。

菊苣與菊糖 | 菊苣的根部在很久以前就被人們用來榨取菊糖了。不明內裏的人常常會將菊糖認為是用甜菊榨取而來的糖。甚至很多借此投機的商人也將用甜菊製成的糖偷概念成「菊糖」，來誤導消費者。用菊苣榨的菊糖是一種非常好的可溶性膳食纖維。同時，菊糖可以在人體腸道內發酵，產生大量的益生菌，促進腸道蠕動。菊糖還具備低卡路里的優勢，在日本，菊糖已經連續多年被評為最優質的健康纖維食品。

....

左上圖：菊苣苗　右上圖：紫葉傳統菊苣
左下圖：玉蘭菜和三文魚沙拉配香草汁　右下圖：橙味玉蘭配銀鱈魚和紅椒汁

67 朝鮮薊

朝鮮薊是一種叫人著迷的蔬菜，或者在一些人心目中它就是一朵美麗的花。朝鮮薊的形狀很像蓮花燈，大的能趕上扎啤杯，小的就和 Espresso 杯差不多，有紫色的，有些還長著刺，僅僅是連接莖的花托能入口，吃過朝鮮薊的人都知道它介乎於筍和土豆之間的誘人口感，清新又帶著花香和一絲絲青澀令人難忘的味道。

朝鮮薊與朝鮮國並無關係。朝鮮薊原產於北非和地中海東端之間的地區，現以法國種植最多，意大利、西班牙次之。盛夏正值朝鮮薊的季節，特別像南意大利和普羅旺斯一帶的地中海菜系，每年一到 6 月、7 月，菜單上幾乎都被形形色色的朝鮮薊給壟斷了。由於消耗量大，和大閘蟹一樣屬於時令貨，因而，無論什麼種類的朝鮮薊，價錢通常都居高不下。不管高級的 Fine Dinning 還是家庭小菜，都可拿它來做前菜的沙拉或者湯，或與「天使之髮」（一種纖細的意大利麵）一起燴煮。

只要在夏天，地中海人們對新鮮的朝鮮薊就近乎是迷信般的狂熱。不過處理準備的過程耗時又耗心，先要以飛快的速度剝掉堅硬的外殼，然後以勺子挖掉裏面的花心，再用小刀把花托底部削整齊後就馬上泡入擠過檸檬汁的水裏，避免像蘋果那樣氧化變色。

到現在為止在國內因為價格和保鮮的原因，新鮮的朝鮮薊暫時還不能普及起來，充其量都是停留在罐頭的版本上面，可對一個久不嚐此味的人來說，哪怕是罐頭也只能拿來將就頂一下饞癮了，雖然罐頭的朝鮮薊會有點微微的發酸，但只要將它放進鹽水或和一些香料用大火稍微煮一下，就可以去掉那股罐頭的味道，同時還會最大程度地恢復它原有的香味。

撒上巴馬臣芝士的意大利麵

68

意大利巴馬臣芝士

巴馬臣芝士是意大利最出名和最重要的硬芝士，在意大利有「芝士之王」的稱號。車輪形狀的巴馬臣芝士的正式名字是 Parmigiano-Reggiano，偏好使用意大利本地的 Vacche Rosse 紅牛的牛奶來製作。產於 Reggio 省內的 Vacca Rosse 紅牛，中世紀已經存在，它們被指定餵飼全天然飼料，要麼就是新鮮或風乾的青草，要麼就是天然穀物或飼料。紅牛牛奶中含有非常豐富的脂肪與酪蛋白，製成的芝士特別香濃，營養價值高。

巴馬臣芝士製作非常費時，最少要用兩年時間才能製好出廠，好的更要七年才出廠。出廠的車輪狀巴馬臣芝士表面顏色金黃，內裏微黃，有濃郁的香味，陳年的更是帶有沙沙的口感和獨特的鮮香。它可以説是意大利麵的靈魂，用古老的工具把它磨成粉，撒在熱騰騰的意大利麵、濃湯、燴飯等菜餚上，那種鮮美滋味真是無與倫比。如果切成片，和香味濃郁的意大利葡萄酒一起也是令人叫絕的搭配。

正宗之辨

Parmigiano-Reggiano，這兩個詞是今天意大利北部兩個省份的名稱（就在知名的意大利美食之鄉 Emilia-Romagna 境內，這裏出產黑醋、風乾火腿及 Lambrusco 氣泡酒）。在 14 世紀，這兩個省份的所在地就已經在製造正宗的巴馬臣芝士，而且廣受歡迎；那個時候這個地區是在一條河的兩岸，左邊叫 Parma，人們就習慣叫這些芝士 Parmigiano，意即帕爾瑪的產品。

車輪形狀的巴馬臣芝士

到 19 世紀，1814 至 1847 年間，帕爾瑪地區被法國拿破崙的第二任妻子 Marie-Louise 統治，巴馬臣芝士因而傳到法國去，而且對這個深愛芝士的國家造成很大的影響，於是，Parmigiano 被翻譯成法語 Parmesan，走紅整個歐洲，讓很多製法差不多的芝士也叫起 Parmesan 芝士來，從此 Parmigiano 就被混淆，真假難辨了。直到 1955 年，意大利政府為了嚴密監控及保留這種頂級芝士的製造工藝，將其列為法定產區產（D.O.P.），而由於這種芝士一直是由河的兩岸地區出品的，所以除了 Parmigiano，還有河的右岸 Reggio 地區的名分，合成今天法定的 Parmigiano-Reggiano。

作為經濟命脉的巴馬臣芝士

由取奶、發酵、凝固、成型、定型至脫水，約 25 天至 30 天製成一個大芝士，然後才開始至少一年的法定熟成時間。經過廠家的計算，一個約 40 公斤的巴馬臣芝士「大餅」，就需要六百多公升鮮奶來製造，即需要約二十多頭母牛候命；許多約有 200 頭牛的中小型芝士廠，一天只生產 10 個「大餅」。這樣一個巴馬臣芝士零售價能達到 1.5 萬元人民幣以上！所以，很多廠家將熟成中的巴馬臣芝士拿去銀行抵押貸款，以度過可能是兩三年或以上的熟成與儲存的成本放空期，也因而造就意大利銀行業一大特色——每家銀行都儲備有大量的巴馬臣芝士！

專業的認證

巴馬臣芝士熟成一年後，芝士公會到芝士廠檢定品質，用指定的小鐵錘敲打芝士的每個表面，從聲音來判斷有沒有「漏洞」，如果芝士已經變壞或製作不夠精良，內裏便會傳出空洞的聲音，而發出深沉厚實的聲音的便會拿到芝士公會發出的合格「獎章」。他們給芝士烙上橢圓形的 Parmigiano-Reggiano Consorzio Tutela 標誌，證明是工會鑑定的。「獎章」還會有「Export」與「Extra」兩種，需在 12 個或 18 個月的熟成期後，經工會鑑定品質特別好的，才能烙上。而一些廠家也會在芝士的上下兩個大圓面自行烙上一些標誌，例如，如果是紅牛牛奶製作的，便會烙上紅牛圖案或「Vacche Rosse」字樣。

其他意大利芝士

Castelmagno

Castelmagno

這款半硬芝士比巴馬臣芝士更珍貴，因為其產量遠遜於後者，Castelmagno 的歷史、製法、味道、口感絕不遜於巴馬臣芝士，價錢也更貴。Castelmagno 也是 D.O.P. 產物，來自意大利西北部的 Piedmont——松露的故鄉。做醬汁、意大利飯很不錯。未有零售。

Grana Padano

與巴馬臣芝士是兄弟產品，各個方面都極為相近，所以很多餐廳不用巴馬臣芝士就會有 Padano，區別可能在於價錢。巴馬臣芝士比 Padano 芝士貴 10% 左右，無他，名牌效應也。

Taleggio

Taleggio

在意大利非常流行的半硬芝士，因為味道適中，所以經常被用做醬汁與烹調上，也有人喜歡用它來塗麵包。

Gorgonzola

與法國的藍黴芝士 Roquefort 同出一轍，都是在成型後以鋼針刺孔、讓黴菌大量生長的濃重芝士，不是人人都可以接受的味道。不過，Gorgonzola 不如 Roquefort 味重，可用來配紅酒、做沙拉醬，非常美味。

Gorgonzola

Mozzarella

新鮮芝士的代表產物，披薩上的芝士就是它。但一定要選水牛奶做的才算是上品，與一般牛奶做的天差地別：水牛奶做的，顏色雪白，柔軟不硬，非常香甜；一般牛奶做的會有點黃，明顯較硬。

Pecorino Romano

硬芝士的一種，質地、用法跟巴馬臣、Padano 類似，但它是羊奶製成，味道較重，是意大利人最常用的芝士之一。

Mozzarella

Mascarpone

新鮮軟芝士的代表，製作提拉米蘇用的就是它。非常鬆軟清淡，可以直接當甜品吃，也可以配合意大利黑醋、冰淇淋和水果，做簡易又華麗的甜品。

Pecorino Romano

白松露陳醋

白松露與意大利黑醋皆是意大利最引以為傲的兩大產物，而這款白松露陳醋恰恰結合了兩者的優點。當然你可以質疑，這樣的產品也許是一種討巧的伎倆，因為白松露與意大利黑醋這樣的頂級食材通常都具有強烈的個性，兩者合並成一個產品是否會變得互相排斥。不過或許你認為作為這樣產品的原料，品質上未必都會是最頂級的，然而把年期短的陳醋濃縮，再添入白松露的碎末，這樣的味道不但能恰如其分地表現出一種濃郁的意大利氣質，性價比更是前所未有的高。在用途上，這款白松露陳醋不但能滴在意大利傳統的餃子等麵食上，牛排海鮮更是其良伴，連雪糕甜品甚至草莓水果都能無一不蘸，煞是神奇。

白松露陳醋

70 智利烟燻辣椒

智利除了葡萄酒出名，還有一種叫 Merken 的香料令其在南美菜中成為獨一無二的味道。這瓶模樣看似與尋常的乾辣椒碎沒什麼分別的 Merken，實則是當地土產的 Aji Cacho de cabra 以及 Goat's Horn 以石磨碾碎，再用橡木的嫩枝冷燻，令其色澤多了一分深沉。這款看似巨辣無比、生人勿近的 Merken 味道竟然是異常的溫和，可又帶着非常濃郁的烟燻香味，當地人通常都整片塗抹在肉類以及海鮮上，一來讓 Merken 的香味醃製到肉裏，二來那股鮮艷的顏色也會讓人增添不少食慾。

除了醃製食品外，幾乎智利當地人家中都會常備一瓶 Merken，好等菜不够味、湯不够濃時放上一把，其重要性就如我們家中的醬油一般，可説智利人吃飯少了這股 Merken 的香味，那就一定渾身不自在。也正是因為這股獨特的烟燻辣味，讓遊過智利的人必須帶上幾瓶回家，哪怕不如當地人般使用，也可以倒出一點，澆上滾燙的熱油，當做辣椒油使，那股難以形容的香味以及令人溫熱的辣度，也足以成為令人懷念的滋味。

| 烟燻辣椒

71 金牌楓糖漿

作為蜂蜜以外的天然糖，這個唯獨在加拿大獨特的氣候環境中才會出產的楓樹糖漿可算是最精彩的甜味，楓樹糖漿可算是加拿大當地味道的代表，不單可做甜品的應用，還可用來醃漬肉類，為燒烤增添更多的風味，當地人連吃飯時都會在他們的菜品上澆淋一點，甚至小孩從來都不會喝那些化學軟飲，而是在蘇打水中添加楓樹糖漿，為的不單是那天然的微量元素，還有那接近焦糖的香味與清冽的甘甜。而在楓樹糖漿中，還會有清淡與中度之分，這款清淡的楓樹糖漿不但甜度適中而且回味乾淨，所以在比賽中得到金獎，在加拿大當地只要得到金獎的楓樹糖漿，都會標明在瓶身上，價格自然就有所不同了。

| 金牌楓樹糖漿

72 澳大利亞 Quay 的
著名甜品雪球

雪球（Snowball）是悉尼頂級餐廳 Quay 主廚 Peter Gilmore 最廣為流傳的甜品之一。通透的水晶杯中，潔白無瑕的雪球安置在水果冰沙和果泥中，用勺子「咔嚓」一下敲開酥脆的雪白外殼，糖霜雪花紛紛飄落，流淌出裏面包裹的應季水果冰淇淋和蛋奶糊的柔滑內心，格外優雅美麗。細膩的外表加上豐富的層次口感也使這款甜品大受追捧。而這也是廚師本人認為最能體現澳大利亞靈感的甜品。

Quay 餐廳坐落於悉尼港，面對悉尼跨海大橋和悉尼歌劇院兩處美景，美輪美奐，而餐廳的食物也達到現代澳大利亞高級料理的頂峰，這家餐廳近期獲選澳大利亞最佳餐廳，是到悉尼最值得造訪的美食去處。

精緻的甜品雪球

大龍蝦

73 龍蝦肝

許多人知道龍蝦的蝦尾肉雪白細嫩又
多汁彈牙,但如果有機會坐在海邊,
有一隻盤子那麼大的冰鎮海水煮龍蝦
的話,最美味的部分其實是在蝦頭上。
在加拿大東北部海岸綫,一到夏天,
海邊的小木屋就成了愛吃龍蝦的人的
天堂。

坐在沙灘上的木桌子邊,整隻通紅的
大龍蝦裝在塑料盤子裏端出來,並不
像餐廳那樣把龍蝦對半劈開,吃的時
候需要用雙手把蝦頭擰下來,這樣可
以保留最多的汁水在龍蝦身體裏。蝦
頭有一塊蝴蝶形的白色的肉,那是龍
蝦身上最鮮美的一片肉。而頭部暗綠
色的龍蝦肝則可以媲美大閘蟹的蟹黃
蟹膏,鮮甜濃郁,有點像花生醬,特

享用美味龍蝦大餐

別是剛出海不久的龍蝦,龍蝦肝特別新鮮飽滿,香味也格外足。一隻數公斤重的
大龍蝦,蝦肝也不過就幾小口,是特別珍貴的美味,愛好者可以棄蝦尾肉不顧,
專享這一口的鮮美。當然,只有生長在純淨沒有工業污染的深海的龍蝦才有健康
衛生的蝦肝,於是更顯其珍貴。

愛德華王子島

愛德華王子島和加拿大龍蝦

愛德華王子島在加拿大的東北部，新斯科細亞省（Nova Scotia）北方，新伯倫瑞克省（New Brunswick）東方的聖勞倫斯灣（Gulf of St. Lawrence）南部，四面鄰海，緯度高，島上也沒有工業，海水極其乾淨，於是理所當然出產品質上乘的加拿大龍蝦、淡菜，還有藍鰭金槍魚。島上許多人都以捕龍蝦為生。

愛德華王子島也是夏季的旅遊勝地，原野上充滿活力的黃色麥浪與綠色草皮，暗紅色懸崖與蔚藍的海水和天空，如同五顏六色的調色板。在海水與陸地之間，一望無際，舉世聞名的白色沙灘和沙丘所構成的一條北美洲大陸東岸最美的沙緞帶，夏季從 7 月開始到 10 月結束，人們到島上游泳、出海、騎車、散步。其餘的時間這個島常常被大雪覆蓋。愛德華王子島附近海域的龍蝦被認為是全加拿大最好的，在夏末，幾乎每一戶人家的前院都能看見成堆的四方形木籠子或鐵籠子，那是專門捕龍蝦的。而龍蝦，自然是不需要養殖，它們野生在海裏，等着人們去捕撈。

如何捕龍蝦

捕龍蝦的籠子很有趣，長方形，被分作兩個隔間，中間是個喇叭形的漁網通道。籠子一邊開着大口，裏面放了鯡魚和鯖魚等龍蝦愛吃的食物，作為誘餌，龍蝦聞到肉味爬進籠子，因為天性喜歡四處亂逛，一定會從喇叭形通道爬到隔壁去，待它醒悟過來，那個通道口已經不够逆行，就這樣被困在了籠子裏。而籠子上也設計了一個小的開口，讓小魚小蝦逃走。運氣好的時候，一個籠子可以捕到7~8隻龍蝦。一般漁民會拿一把鋼尺丈量長度，太小的統統扔回海裏繼續長大，肚子上有籽的也放回去。龍蝦從籠子裏拿出來後，會給它們的鉗子捆上橡皮圈。這個橡皮圈上有捕撈地區的標記，也可以防止龍蝦自相殘殺。

燒烤海鮮大餐

如何煮龍蝦

最經典的龍蝦做法，就是在能有多大就多大的鍋裏燒開海水，或者自製3%濃度的鹽水，然後把龍蝦整個放進去，煮的時間根據龍蝦大小而定，500克煮12分鐘，每增加125克就多煮1分鐘。煮好以後，最好放涼了吃，冰鎮過更好，因為這樣能叫龍蝦肉收縮得更緊更脆爽。汁水也更甜美。

出海捕龍蝦

74

袋鼠島手工桉樹
蜂蜜冰淇淋

袋鼠島上的養蜂園

澳大利亞袋鼠島手工桉樹蜂蜜冰淇淋大概可以算得上最具天然野趣的美味冰淇淋。澳大利亞袋鼠島是一個四面被海包圍的原生態小島，島上嚴厲禁止其他品種的蜂蜜登陸，因為這裏保留着世界上唯一純種的利古里亞蜜蜂，是歐洲蜜蜂的祖先。1885年南澳洲政府頒佈了《利古里亞蜜蜂法案》，經由法律保護它的純正血統，同時法定地將「利古里亞」作為袋鼠島上蜜蜂的唯一姓氏。

與世隔絕的島上沒有任何工業，生長着許多古老的桉樹，利古里亞蜜蜂最愛採的就是桉樹的花蜜。在養蜂農家吃到一盒自製牛奶蜂蜜冰淇淋，牛奶蜂蜜都是島上自產，手工製作，沒有華麗的包裝，一個待回收的塑料小碗中裝着淺琥珀色的厚厚的冰淇淋，淳樸的樣子下面是勝過一切什麼絲般順滑形容詞的好感受，吃一口在嘴裏，蜜的甜香和龐大持續的牛奶味讓人感覺就像進入了森林和牧場。站在一棵老桉樹下面把它吃完時，就知道為什麼要環保了。

袋鼠島旅遊

袋鼠島（Kangaroo Island），南澳大利亞州海島，全島長150公里，寬40公里，是澳洲第三大島。這裏靜如鏡的湖泊、放眼望去一片蒼綠茵茵的叢林，遇上野花盛開的季節，滿眼的繽紛叫人心曠神怡。島上的野生動物十分活躍，駕着車都能在路上與野生動物偶遇。這裏也以觀賞野生動物而聞名。島上共有5個受保護的野生動物區，海獅、企鵝、海豚、考拉和袋鼠都在一個大自然世界裏和諧共處。可以到海豹灘（Seal Bay）欣賞澳洲野生海豹的睡姿或嬉戲時的有趣模樣，到福林德柴斯國家公園（Flinders Chase National Park）拜訪野生袋鼠、樹熊，到海邊、湖畔、沼澤地尋找島上251種飛禽的足迹。

桉樹蜂蜜冰淇淋

紫土豆

土豆的品種數不勝數，口感也大不相同，個頭不大卻身價不菲的紫土豆一出現就賺足眼球，小小的土豆有烏黑發亮的深紫色皮，咔嚓一下切開，格外多汁、一派濃郁鮮艷的紫色。紫土豆內含天然花青素，所以看起來是紫色的，在外表之下更重要的是它含有抗氧化劑。

除了降血壓、提高免疫力等這些保健的功能，因為紫土豆吃起來非常爽脆多汁，又有漂亮的顏色，在英國和澳洲都大受歡迎，名廚們也在它身上發揮創意的靈感。Jamie Oliver 有簡單易學的紫土豆沙拉菜譜，而最叫人印象深刻的是澳大利亞名廚 Mark Best 將紫土豆製成松脆輕

紫土豆很容易分辨

薄的土豆紙，薄薄一片深紫色如同舊時的老式複寫紙，土豆的清香卻在，十分有趣。也有另一種個頭大的，在雲貴高原常有出現。外表與一般土豆無異，切開後淺黃色裏佈滿天然的紫色花紋，如同少數民族手工的蠟染圖案，又是另一種美態，多汁脆嫩的口感依舊，簡單切成薄片一炒，就可以品嚐到別樣的口感和純粹的土豆香味。

76

藍鰭金槍魚的
Otoro

任憑鮑參魚翅，遇到它統統都要退避三舍，以避其鋒芒，此等人間極品的美味，
就是金槍魚最肥美的肚腩部分 Toro，也是日本料理店最昂貴和珍稀的食材。飽滿
多汁絲毫不透明的粉白色魚肉，中間均勻密佈着如大理石潔白的脂肪紋路，比上
好的雪花牛排更多了幾分靈氣和饞人的光澤，兩厘米厚的一片，入口就像固體奶
油一樣迅速地化掉，魚脂獨特的個性卻不會讓人感覺膩味，你甚至趕不上魚肉消
失的瞬間，那香醇甘甜的味道如海嘯般就從口腔一直噴涌到整個臉頰，讓人產生
幸福的麻痹和戰栗，震驚於此種美味帶來的快感。

Toro 是金槍魚魚腩的泛稱，因為是腩肉，集中了魚身上最多的脂肪，它不像金
槍魚身上其他部位的肉那樣是透明的深紅寶石色，而更像粉色的豬腩肉，淺粉
色的肉裏面包裹着不透明的脂肪綫，肥肥的，充滿質感。把 Toro 魚片放進醬油
碟，可以更加明顯地看到魚肉裏面密佈的白色脂肪。把 Toro 細分還有 Otoro 與
Chotoro，前者指純魚腩，也就是平均一尾近 300 公斤的金槍魚魚腹側面那大概不
到 20 公斤的一小條，後者是接近背部位置的部分。

Chotoro 脂肪沒有那麼豐富，只有 Otoro 才是老饕們摯愛的極品，其中又以藍鰭金
槍魚的 Otoro 為上好，更不為人知道的是，在一尾不到 10 公斤的金槍魚 Otoro 裏
面，能在熟成過程中達到鮮味最高點的部分只有不到 5 厘米的長度，珍貴程度，
可見一斑。

整塊的 Toro

Toro 刺身 | 雙色 Toro 卷

Otoro 三文治刺身

這是一道搭配相得益彰、味道令人蕩氣迴腸的花式刺身。上好的 Otoro 經過成熟後，味道明顯變得更甘冽，濃厚的脂肪跟新鮮帶子演繹出一濃厚一清爽兩種截然不同的甜味，卻又如此完美地相互呼應，三文魚子在嘴裏層層的爆破刻畫出大銅鑼般的震撼餘韻，裏面流出的魚油美味自不言而喻，看似不起眼的黃瓜片更像晴空裏呼嘯而過的噴氣機，帶出清晰明亮的質感。

雙色 Toro 卷

手工的淺草海苔經過炭火輕輕地烘烤，以去除多餘的水分和潮氣，捲上用高壓火槍噴射的 Otoro 和日本醃蘿蔔，再在頂上放一小片冰凍的 Otoro，先不說珍貴的淺草海苔散發出陣陣古樸的香氣和入口即碎的口感，光是被火槍洗禮過的 Otoro 的油脂滲入壽司飯裏後，那種晶瑩剔透的外觀跟溫柔如同初吻的甜味質感，絕對會把大腦一下子融化征服，墊在頂上的那小片凍得帶一層薄冰碴的 Otoro 卻會讓舌頭如受到電擊般麻痹的同時，又轉眼間化成甘甜的輕烟。而那段短小的醃蘿蔔，更似佛寺的小鐘，叮的一聲敲醒這個漫長的味覺輪迴。

藍鰭金槍魚

藍鰭金槍魚是金槍魚類中生長速度最慢、體形最大的魚種，分佈在北半球溫帶海域，栖息的水溫較低，主要漁場在北太平洋的日本近海、北大西洋的冰島外海、墨西哥灣和地中海。壽命長達20年或20年以上。成年的藍鰭金槍魚長度可以達到3米，重量達到400公斤以上。魚體呈黑色而胸鰭小的特徵。高脂肪期的藍鰭金槍魚味道最好，價格最高。該品種捕撈量不到全球金槍魚總捕撈量的1%，也稱真金槍魚。

生的雪花牛肉

和牛

本來以為，這種帶着如魔幻般雪花大理石紋理被叫做神戶牛肉的牛，真的是喝着啤酒被按摩長大的，後來發現這不過都是當地牧場為到來參觀的遊客們特別安排的表演而已。它貴重的地方原來是和賽馬相仿，講究的是血統跟單獨禁錮式的圈養，以利於牛脂肪的生長，由於產量極低，價錢不用説也是「神價」了！細緻的油花，讓牛肉泛出誘人的粉紅色，相比血淋淋的鮮紅，更透出一種別樣的細膩感。

由於日本這種高檔牛肉，日本人還不够吃，所以禁令出口。吃的時候，不需要以太複雜的方式來烹調，只以大火炙到自己喜好的生熟程度即可。吃的時候撒上最高級的法國鹽之花和第戎芥末。牛肉經過高溫把多餘的油脂去掉，又被鹽之花勾畫出潛在的本性之味後，在嘴裏會是一股融化的甘甜，加上鮮美的肉汁，咀嚼起來的幸福感實在是筆墨難以形容，只能粗略地説：「那是最頂級又久久揮之不去的醍醐之味。」

Blackmore 澳大利亞和牛

這些牛雖然名字叫「和牛」，實則此牛早在20年前就已經移居澳大利亞，當地人沿用日本人的飼養方式孕育它，如今便成了牛肉界冉冉升起的明星。Blackmore家族在澳大利亞的養牛界赫赫有名，五代養牛，1988年開始從日本引進和牛並對其進行培育。作為一個對質量有要求的農場主，Blackmore挑選的都是日本最著名的三大牛種，先天條件好，加上牧場環境優越、水質清澈、牧草肥潤豐富，使得和牛在這裏的生活生長極其愜意，出品的質量一點兒都不比原產地日本差，澳大利亞的和牛從此發揚光大。通過多次的研究配種，亦培養出屬於自己本土的和牛牛種。

更為健康的飼養方式，更為細心的呵護照料，使得 Blackmore 和牛的肉質比同類的更為柔軟，肉味更濃，脂肪油花更為細密，油脂中帶着一股甘香的味道，但卻又不像印象中和牛肉會有的肥膩，更符合現今的健康飲食之道。為了保證優異的質量，Blackmore 的產量被嚴格控制，每月最多只屠宰 50 頭牛，其中一半又被當地的星級餐廳訂購而去，因此如果有一塊Blackmore 牛排放在你面前的時候，請一定要好好珍惜。

鮟鱇魚肝

在海洋深處有一種扁平漆黑樣貌醜陋的魚類叫做鮟鱇,它巨大的肝臟是令人意外的珍饈美味,號稱「海底鵝肝」。

法國吃無花果長大的肥鵝的脂肪肝是歷來受追捧的高級美味,細滑綿軟又帶着無花果的清香,而鮟鱇魚肝因為更加滑嫩細膩,並具有魚類獨有的香氣,以及極高的不飽和脂肪酸含量,幾乎就要打敗鵝肝了。鮟鱇魚在日本人心目中的地位僅次於河豚,所以有「西河豚,東鮟鱇」的說法。鮟鱇魚肉質不好,嚼起來如同口香糖般索然無味,但是鮟鱇魚肝就不同,是冬日進補的美味。

味道最好的魚肝是產自 10 公斤左右的鮟鱇,其中肝臟就有兩公斤半,在高級日本餐廳被廚師用姜、濃醬油、清酒等浸煮入味以後,就成了輕盈爽滑、香氣十足的下酒菜了,輕輕一碰就化成一陣魚味十足的油霧,滿口鮮甜濃郁的香氣。除了魚肝,白子也是常見的美味,如蓮子大小,珠圓玉潤,可製成檸檬醋味白子;鮟鱇魚皮可用味噌漬成美味魚皮餚。

鮟鱇魚

鮟鱇魚是肉食魚類，分佈在大西洋、太平洋和印度洋。它樣貌醜陋，扁平呈圓盤狀，兩隻眼睛生在頭頂上，一張血盆大口，嘴巴邊緣長着一排利齒，平時常栖伏於深海底，靠頭頂上的鰭刺作為誘餌，背鰭最前面的刺伸長像釣竿的樣子，看起來很像魚餌。鮟鱇利用此餌狀物搖晃，引誘獵物，再大口一口吞下去。最佳鮟鱇魚產地在北海道。因為緯度較高，附近海域水溫較低，當地的鮟鱇魚品種較多，且多在深海生長，每年只有11月中旬到次年2月初才浮游到海面覓食，所以捕撈甚難。其體形也較大，經常能捕撈到長度在1.2米以上的大型鮟鱇。

鮟鱇魚的營養

鮟鱇魚具有很高的營養和藥用價值。魚肉富含維他命A和維他命C。其尾部肌肉可供鮮食或加工製作錢松等，其魚肚、魚子均是高營養食品，皮可製膠，肝可提取魚肝油，魚膽可提取牛磺酸和氨基乙黃酸，臨床上用以消炎，清熱解毒。魚骨是加工明骨魚粉的好原料。民間常把魚骨焙乾製成粉，調麻油，治療瘡癤。歐洲一些國家還從它的胰腺中提取胰島素，用以治療糖尿病。

| 鮟鱇魚火鍋

| 炸鮟鱇魚肉

79 德島味噌

提起味噌，或許大家只會想起味噌湯，但其實好的味噌不但是日本料理的核心，還是其最主要的根源。味噌在日本種類比較多，主要表現在原料的成分和比例的不同上。用作製造味噌的原料有豆、米、麥等。其製作方法是將這些原料蒸熟後，再通過黴菌、酵母菌發酵而製成。比較有名的有愛知縣的八丁味噌、名古屋味噌，德島縣的御膳味噌，和歌山縣的金山寺味噌，青森縣的津輕味噌等。

就如我們的滷水一樣，各地各家都有自己的秘方，所以幾乎每個人都會説自己家裏的味噌才算是玄門正宗。但要説較有特色的肯定就是日本傳統美食中心的四國德島產的味噌了。當地所產的味噌原料優越不説，令其最與眾不同的地方在於，當地不但有令味噌發酵的最好的濕度與溫度，而且還耐保存，有能够讓味噌陳年的條件，所以一般德島產的味噌大多會被料理大師用來製作醬料，而如果作為味噌湯的原料，你會發現那一股濃厚的豆香以及清酒發酵的酒香氣叫人難忘。

德島味噌

饭香彷彿要穿透碗壁

80

魚沼米

要説什麼能充分體現天地間精華的味道，想是唯有大米這種平凡的食材才算是最合適的答案。而在眾多大米中，來自日本的越光米算是其中最具特點的一個品種，因為其獨特的香氣與稍帶彈性的口感更是令其在眾多米中脫穎而出。

日本的越光米栽種適地主要集中在日本海側的諸縣，約為飛鳥時代的越州領域，例如福井縣的嶺北地方、石川縣、富山縣、新潟縣、山形縣莊內地方等，其中以新潟縣魚沼，所產的越光米質量最優，價格也最高，是越光米中的名牌，稱為「魚沼越光」，而南魚沼市鹽澤町的越光米更是名牌中的名牌。這裏的土質不同於中國大部分地區的弱鹼性，它呈弱酸性；同時新潟位於日本最長的河流信濃川的入海口，信濃川高清度的深雪融水滋養了大米；晝夜溫差大、日照充足使大米顆粒飽滿。所以生米就已經擁有了撲鼻的香氣，抓一把在手上就能令人幻想起冰雪和稻草的清香，更別説在煮熟後更加濃烈的味道，而充滿油分的米粒與 Q 彈的口感更會令人從此對其上癮。

| 魚沼米

米飯良伴：備長炭

好炭一定要密度高，才會達到只燃不燒的高溫狀態，水分少，不會散發烟和灰。這樣的好炭哪裏尋？素有「黃金炭」之稱的備長炭就是其中最典型的代表。這種炭產於日本紀州，以烏鋼櫟（屬山毛櫸科常綠喬木）經過高溫製成，表面的溫度可到1000℃，其密度和硬度與鋼相仿，所以燃燒中幾乎是烟灰全無，更甚者其中有種白色備長炭，純度、硬度和密度更高（炭純度97%），幾乎接近鑽石，可說是炭中之王，能將火的溫度存於炭的內部，有「燃燒之鑽」的美稱。

| 備長炭

不過作為炭裏面的勞斯萊斯（Rolls-Royce）當然不止烤火的單純作用這麼簡單，當今的備長炭已經被日本國民奉為提升美味的第一秘訣。特別是對於好米，更是要用備長炭來做伴。其實從科學原理來看，由於它本身擁有無數個納米微孔，能夠吸附自來水中所有的有害物質和異味，所以無論在煮咖啡或者泡茶時，放上一根都會讓味道更加醇正，特別在煮飯的時候在飯鍋裏扔一根，不但會讓飯味更香濃，其固有的遠紅外綫的效果還能使每一粒米均勻受熱，讓飯吃起來更可口。儘管對這塊被燒的炭一下子升級到有神奇妙用的「靈物」有些詫異，但既然被大眾吹捧，用起來還好像真有那麼一點靈驗。

米飯良伴：台灣度小月古早味肉臊

度小月是台灣知名老牌，仿冒者眾多，唯有以帆船為注冊商標，在商標邊上再注明「正宗度小月擔仔麵本舖出品」的字樣才是真身。因為味道騙不了人，一打開罐頭，就有撲鼻而來一股濃濃的香葱味，夾雜豬油的濃香，就像引爆了一個美味炸彈。一個人的時候，只要一碗米飯或者一碗麵條，加上一勺肉臊，再孤獨的夜晚都不會寂寞，甚至讓人還有點向往。據說台灣人離開家都會帶上幾罐，思鄉病發作時就可以打開來一解鄉愁。烹飪時要注意將罐頭中的肉臊加上適量的水一起慢慢熬煮開，味道雖然和新鮮的沒有可比性，但已經做到非常接近了。

| 正宗度小月擔仔麵本舖
出品的肉臊

北海道利尻昆布

在日本料理裏，所有的湯頭幾乎都離不開昆布這一食材。日本高湯與中國高湯、西方高湯都不同，它的特徵是在短時間內把素材的風味抽出來。素材則選用海洋中的魚、昆布，把島國料理的風味體現得淋漓盡致。

日本各大昆布都會以其產地來命名，其中來自北海道利尻島的利尻昆布就是日本昆布當中的精品。因為這裏不單擁有清澈的海水，激烈的潮湧更令此處的昆布生長得又寬又大，味道更是純粹來自海洋的香味。

除了優越的地理位置，這裏的製作工藝更是在日本歷史上最悠久的，特別是把昆布製成後還會轉移到溫濕合宜的專門庫窖內靜置一兩年以上，以讓昆布在時間的作用下緩緩熟成，務求令其來自海洋的香氣和滋味逐漸達於巔峰的層次。這種獨特的熟成法令利尻昆布在各大昆布中成為最耀眼的明星。

使用這種自然與人完美携手創造出來的優質昆布所萃取的高湯，色澤澄澈透明、滋味鮮醇甘爽，散發着溫潤高雅的芳香，美味境界絕非一般日式湯頭可媲美。萃取昆布高湯的方法是，先將昆布以濕布稍微擦淨後剪成合適的大小，於料理前置入鍋中 20 至 30 分鐘後，再開火烹煮入味即可。

日式冷蕎麥麵

煮好的蕎麥麵

日餐總的分為關東料理和關西料理兩大類。關東料理以東京料理為主，關西料理則包括京都、大阪料理。關東料理口味較重，喜食蕎麥麵。蕎麥麵好像天生就為涼麵而生，清爽的麵條加上冰涼的特調醬油湯汁，叫人格外懷念夏天。蕎麥麵的樣子很樸素，特有的蕎麥色很令人着迷，因為麵條裏除了小麥粉還加入部分的蕎麥粉，令麵條根根分明，清爽又彈牙。煮好後一卷卷滑溜的蕎麥麵整齊地碼放在一大竹盒碎冰之上，只是看着就無限清涼。

蕎麥麵的湯汁頗有講究，用木魚花、昆布、海苔、醬油等材料熬製，加入水把辛辣浸泡出去只留下清香的小葱。新鮮的山葵糊也是關鍵之一，還要有炒香的芝麻、新鮮的芥末和裙帶菜。吃時讓蕎麥麵在湯汁裏洗個澡，清涼爽滑的麵條伴着極富層次的味道順着喉嚨滑入肚中，叫人大呼過癮。

蕎麥麵帶來夏天的氣息

蕎麥麵的營養

蕎麥麵雖其貌不揚，營養卻是碳水化合物中的佼佼者。它含有的蛋白質不低於大米和標準麵，賴氨酸和精氨酸含量大大超過同類食品。另外，蕎麥麵性味甘平，具有下氣利腸、清熱解毒的功能，這也是蕎麥麵適合夏季食用的很大一個原因。

蕎麥麵的來歷

蕎麥麵是日本人的「健康發明」。比起一般麵條來，蕎麥麵彈性很足，口感也似乎偏「勁」了些，但蕎麥香清晰可辨。由於營養豐富，食用方便快捷，是日本關東地區受歡迎的大眾食品。

蕎麥麵分冷食、熱食兩種。蕎麥麵剛傳入東京時，是有糕點舖作為副業而製造的。那時主要吃的是蒸蕎麥麵，這種吃法是先煮後蒸，然後放到有熱水的桶上食用。在隨後的歲月裏，蒸蕎麥麵逐漸消失，取而代之的是盛蕎麥麵（盛りそば）。盛蕎麥麵是把煮好的蕎麥麵，用水冷卻，放在平竹篩子上吃。大約在 18 世紀中期，清湯蕎麥麵一經上市，便受到歡迎，經營清湯蕎麥麵的麵館和攤點以及街頭小吃迅速增加，作為普通市民飲食的重要組成部分被迅速認同。各種各樣的配菜，如油炸食品、海藻類、雞蛋、海鰻和鴨肉漸漸地被加進清湯蕎麥麵裏。到 19 世紀中葉，即江戶時代末期，在江戶有七百多家蕎麥麵館開業。

關西的冷稻庭烏冬麵

關西地方吃烏冬麵的人比較多，以秋田縣的稻庭麵條居多，湯色淡，透明得可以看見碗底，關西地方用的醬油儘管是淡色醬油，濃度仍舊很高。夏季，日本人喜歡吃涼麵條，麵與汁分開，吃時或蘸或拌，完全依個人口味而定。特製烏冬麵是可愛的小胖子，選用的是日本手打麵，做成麵卷，滑滑糯糯的口感略帶 Q 彈，略顯笨拙但卻調皮可愛。配上青菜、雞肉、鮮蝦、蘑菇、蛋皮、番茄等輔料，汁料則複雜得很，需要用木魚花湯混合雞湯，加入淡口醬油、味淋和芝麻調和。麵卷配上輔料，蘸一下汁料，整卷送入口中，鹹鮮涼爽。對於愛烏冬的人來說，最重要的是麵條又 Q 又滑的口感，在湯汁上順理成章就行。

83 日本傳統壽司

與其說壽司是一種食物，毋寧將其看作一項充滿了禪意的藝術。壽司源自古代日本，傳統的關東手握壽司和華麗的關西押壽司是最老派的正統壽司。握壽司是江戶前壽司的一種，追求原料的極致、新鮮和簡約，多餘的調味統統捨棄，只有生長在一池春水中的山葵和魚生醬油，搭配甜美的醋飯和剛殺的新鮮魚生。因講究新鮮，握壽司的生命如同春日的櫻花般短暫，最佳的味道只在轉瞬之間。而關西押壽司有更濃重豐富的口味，因為離海遠的緣故，並不會用太多新鮮魚生，而是把調味過的各種食材和醋飯一起放在模具裏壓製出來，是華麗又分量十足的一種。

壽司飯

在醋飯上面擺放各種魚、貝類、魚子等新鮮的原料，就是漂亮的壽司飯。眼睛是最先得到享受的，因為壽司飯的擺放和配色是毫不含糊的功夫，吃的時候，完全任憑自己喜愛來搭配，這是奢華陣容的壽司飯。

壽司飯

握壽司

關東的握壽司是最能體現手的藝術的，如何切魚片，用什麼樣的手勢來握，都是壽司師傅需要花費很多年來訓練的。高明的師傅會在保證飯團鬆軟程度恰好的前提下，盡量減少手與魚生接觸的時間，來保證最新鮮的口感。刺身中幾乎所有的魚類和貝類都可以被用來製作握壽司。最傳統的江戶前壽司拼盤，每一種都是豪華料理中最常用到的材料。金槍魚腩 Toro 是壽司中的極品，有着類似神戶牛肉一樣密佈的脂肪綫，到口中幾乎是馬上就化成一陣濃香和鮮甜。比目魚是製作白魚壽司的第一選擇，老饕們常會特別叮囑壽司師傅用其邊緣略帶韌性和膠質口感的部分。

握壽司

手卷

手卷是傳統壽司裏用海苔包裹着醋飯和其他材料的做法，常常是蔬菜和口味比較重的材料。搭配是白、紅、黃三種顏色，手卷需要製作出來馬上吃掉，以免海苔吸收空氣中的水分而變得不再爽脆。

壽司手卷

坐到櫃檯前去

要想吃到最好味道的江戶前壽司，就坐到櫃檯前面去。這就是壽司櫃檯的座位總是比較難預訂的原因。對於「手的藝術」——握壽司來說，為了減少壽司與手的接觸，壽司師傅常常要花費數年來的練習技巧，通常都要握五手才能完成一個壽司，進步到四手、三手甚至二手就需十多年的功夫。手數越少，魚肉才不會因為手掌的溫度而有絲毫的改變。如果坐等壽司的醋飯發乾、魚生暗淡才遲遲動筷，就大大浪費這些大費周章的美味了。所以當然是坐在櫃檯邊，看着壽司師傅從切魚到握壽司，做一個吃掉一個，保證每一口都是最佳狀態。

坐在櫃檯前是享用最新鮮壽司的秘訣

至於點菜，如果沒有特別的偏好，坐在壽司櫃檯前讓壽司師傅推薦今天最新鮮的材料，當然是更有樂趣的事情。因為每個師傅的手藝不同，同樣的壽司一定口味不同，願意的話，追捧你喜歡的那種口味。跟壽司師傅聊天常常會有意想不到的驚喜，例如一個菜單上沒有的新做法，一條珍藏的魚。難怪壽司師傅一般只給坐櫃檯前的客人最好的呢。因此，一不要抱怨壽司店舖小，小店可以保障壽司的新鮮度；二要坐到櫃檯前面去，選一個喜歡的壽司師傅，成為互相的VIP，在下次朋友聊天的時候，説出來也是讓人羨慕的談資。

飯

用日本越光米和當地的泉水可以煮出最好的壽司米飯，加工成醋飯之後軟韌程度剛好，既可以輕易地握成糰，到口中又能粒粒分明、豁然散開。

配角 ┃ 上壽司之前，用清爽的泡菜和雞蛋來開胃。如果雞蛋是壽司店自製，並且韌性
十足的話，可以再加一個雞蛋壽司，或許會成為意外的驚喜。至於薑片，是為
了清除口中的味道，便於品嚐下一個而準備的。當一整盤壽司被端上來，通常都是左上角那
個最珍貴，然後等而次之。

季節 ┃ 吃壽司當然要挑選季節。春天吃北極貝、象拔蚌、海膽；夏季吃魷魚、鱸魚、
池魚、鰹魚、池魚王、劍魚、三文魚；秋季吃花鰱、鰹魚；冬季吃八爪魚、赤
貝、帶子、甜蝦、鱸魚、章紅魚、油甘魚、金槍魚。

鯊魚皮 ┃ 新鮮山葵圓潤的刺激感中有淡淡的甜味，是芥末無法相比的。磨製山葵最
好的工具是特製的鯊魚皮。把山葵放在鯊魚皮上，以圓形的形狀輕輕摩
擦，就會產生出淺綠色的山葵蓉，這是發揮山葵風味的最佳方式。

┃ 壽司飯糰大有講究

┃ 用來磨製山葵的鯊魚皮工具

┃ 清爽的配菜

84 Tao 芝士蛋糕

不敢說這種蛋糕是全世界最好吃的芝士蛋糕，但起碼也能排進 Top3 了。這種淡鵝黃色的蛋糕（原味的，當然也有其他口味，如按季節供應的水蜜桃口味）直徑在 16 厘米左右，最適合四到六個人分食，細密的口感軟若無骨，濃厚的芝士味將徹底摧毀你要減肥的意志力。這種蛋糕便是只能在日本北海道的小樽才能吃到的 Le Tao 芝士蛋糕。

日本一直很推崇和追隨法國的甜品，在法國高級的甜品學校也總是能看到日本人的身影，而日本人天生的細膩、做事的精確和崇拜正統的性格使得甜品能成為他們很好的事業，就如眼前的這塊芝士蛋糕，沒有十二分的用心和優質的原材料（北海道盛產的優質牛奶），是絕對不能成就的。還有就是捨得下足料，並保持頂級的新鮮，因為這種蛋糕的保質期只有一天，店家賣的是當天的出品，買家也要在第一時間將其享用，才是對美味的尊重。所以在小樽街頭的 Le Tao 總是有咖啡客，點一客蛋糕，要一杯咖啡，在充足的日光和悅耳的風鈴聲中，將時光化成一首幸福的詩。

85 罐頭鮑魚

這是最受一個人吃飯的群體歡迎的食品。先別忙着為即食食品下偏頗的結論，諸如原料都是食材中偏下等的，就像那些水果罐頭都來自不再新鮮的水果，或者因為加了各種添加劑使味道變得怪異等。隨着科技與品位的發展，即食食品的品質與種類也跟着提高，連速凍水餃都開始標榜手工製作。不少山珍海味也推出了即食版本，像新同樂的即食魚翅、富臨的阿一鮑魚與大董的遼參。這些「專家」的製作出品，省去了餐廳堂食的成本，用料的性價比更高，打開後的荷包翅、鮑魚與海參無一不是中上等，價錢更是物超所值。

在即食食品成為一股新鮮的飲食風潮的時候，推薦這罐用正宗日本鮑魚製作成的速食食品。吃的時候將裏面的鮑魚取出切厚片，罐內濃醇的湯汁兌入適量的水煮沸，先用來白灼兩根新鮮的菜心（或者其他帶葉蔬菜），再用來燜泡一包「出前一丁」（泡麵品牌，記得千萬別用附帶的湯包），再在泡好的麵上加上鮑魚片，誰能否認這不是幸福的一餐呢？

鮑魚罐頭

鮑魚　｜　鮑魚通常在溫度稍低的海底出產。出產地有日本北部、中國東北部、北美洲西岸、南美洲、南非、澳洲等地。公認最佳產地為日本（乾鮑）及墨西哥（罐頭鮑）。鮑魚有新鮮急凍的，也有製成罐頭的，或曬製成乾貨的。乾鮑按一斤重量有多少個分為十頭、八頭等，幾頭指一斤內有幾個。頭數越少，鮑魚越大、越貴。

上等鮑魚常製成乾鮑，有一種被稱為溏心鮑魚。溏心是指乾鮑中心部分呈不凝結的半液體狀態，將乾鮑煮至中心部分黏軟，入口時質感柔軟極有韌度。要製作溏心鮑魚需要經過多次曬乾的程序，十分費工。野生的鮑魚，其營養價值及鮮醇口感都要好於人工鮑。鮮鮑可以做鮑魚粥，較為滋養。夜尿頻、氣虛哮喘、血壓不穩、精神難以集中者適宜多吃鮑魚。糖尿病患者也可用鮑魚作輔助治療，但必須配藥同燉，才有療效。

鵝掌扣鮑魚　｜

86

黑蒜油豬骨湯
出前一丁

香港人愛吃的泡麵，40 年來，首選「出前一丁」。這個 1968 年由日裔華人發明、翌年進軍香港的泡麵，憑着一小包麻油，傳奇地打敗無數對手，成為了地道「香港菜」不可缺少的一個部分。四十多年以來，「出前一丁」時不時地就會推出新味道，但是最受歡迎的，始終是「元祖」的小包麻油原味。曾經有過小熱潮的，有 20 世紀 80 年代的「牛肉麵」、20 世紀 90 年代的「豬骨湯麵」等幾款，但也只是讓客人偶爾換換口味而已。

直至最近，一款黑色包裝、金色字樣，看來經典、高貴的「黑蒜油味」推出，第二個經典彷彿又再次出現。這個新款的麵餅沒什麼不同，驚喜在附贈的味粉與一

小包黑蒜油，味粉是「豬骨湯麵」的翻版，黑蒜油就是經過發酵成為黑蒜的蒜頭提煉的香油，香味比麻油更多一重。

黑蒜是近年公認的健康食物，在台灣被稱為「黑金」。蒜頭經過天然發酵變黑後，香氣更加醇厚，不嗆人，而且蛋白質、維他命大大增加，臨床證實對健康非常有益。配合濃郁的豬骨湯底，有點睛的效果，實在是上佳搭配。不知道 40 年後這款黑蒜油豬骨湯出前一丁會不會成為經典？

最受香港人歡迎的泡麵

87 日本綠梗山葵

日本料理總是少不了綠色的芥末，然而試過用產自日本的綠梗山葵磨製的新鮮芥末，就會對那種一管管綠色牙膏狀的仿製品綠芥末嗤之以鼻。

真正的山葵根具有一點類似西洋菜的甜味。與這些代用品的味道不同，只有天然山葵莖部磨成的泥，才擁有恰到好處的辣味，細微一絲絲的甜和有如醍醐灌頂的清涼通透滋味，是合成山葵永遠望塵莫及的。山葵是黛綠色的，形狀如同人參，一副世外高人的模樣，它的生長具有很強的地域特點，需要特殊的生態環境。陰冷潮濕的氣候、不停流動的清澈泉水、純淨肥沃的土壤等自然條件都是必要的。

儘管日本在 350 年前開始人工栽培，且到現在還一直保持傳統人手的工藝種植，在日本料理界被喻為最高級的山葵，是野生於日本山野溪谷的綠梗山葵，一塵不染純潔至極，充滿了山野和溪水的靈氣，如要享用它，需得用傳統乾鯊魚皮做成的山葵礦板研磨才行。

....

如何享用山葵

要把山葵處理好，可不是簡單地拿個普通的礦床把它磨成泥而已。和日本的茶道一樣，真正懂得尊重山葵的人會以一面光滑、一面粗糙的乾鯊魚皮做成的山葵礦板研磨，研磨的時候懷着敬意、循着圓圈耐心研磨。如果是前後直磨的話，就會破壞山葵本身的纖維而導致味道發苦。

吃的時候，很多時候人們會把山葵跟醬油混合，才讓食物蘸上；但是山葵的味道於水中會迅速溶解，吃山葵的最好方法是把食物蘸上醬油後，才加上山葵，並要避免山葵與醬油混合。天然山葵的梗和葉子也是老饕們關注的焦點。因為它們的口味比莖來得含蓄，辣味也顯得更有深度，含着淡淡蜜味的禪意，在日本最高境界的料理——懷石料理裏面，幾乎總有一道醃製山葵梗的菜式出現。

新鮮的山葵

金槍魚碎黃瓜山葵卷 | | 火焰墨魚山葵壽司

山葵只有新鮮享用

市場上銷售的所謂「山葵」，有糊狀和乾粉產品。糊狀的山葵通常用牙膏筒狀的管子裝。粉狀的產品有袋裝和罐裝產品，可以用水調和成糊。但這些產品的大部分是使用類似蘿蔔的十字花科植物辣根（Armoracia rusticana）和綠色食用色素生產的仿製品。部分日本生產的糊狀產品中含有真正的山葵，則包裝會用說明加以區別，「本わさび使用」（使用真正山葵）是含有50%或以上山葵，「本わさび入り」（加入真正山葵）是含有50%以下的產品。

金槍魚碎黃瓜山葵卷

這道菜把金槍魚骨邊的肉用勺挖出來冰凍後剁碎，捲上黃瓜皮和山葵梗。凍成冰碴的金槍魚肉在嘴裏慢慢地融化，甘甜的汁液流淌到每一個味蕾細胞上，山葵梗辛辣帶着明顯的蜜味激烈地衝擊着口腔，黃瓜皮的清脆，爽朗輕快地結束整個味覺旅程。

火焰墨魚山葵壽司

當季的墨魚以高溫火槍洗禮後塗抹上特製的醬汁，配上大量新鮮研磨的山葵與新鮮的山葵葉做點綴，醬汁的甜味讓山葵蜂擁而至的辣味變得有條不紊，回味也更加悠長。Q彈的墨魚帶着火焰余溫，細嚼有種海洋的壯闊，而山葵那股醒翻灌頂的辣，更是波濤汹涌。

88 北海道農場牛奶

全世界最普遍喝的牛奶，是原產於荷蘭的黑白牛的牛奶，據説，這種短角牛習慣把精力用於製造乳汁而非肌肉，所以有着豐富的含乳量。雖説各地的牛奶絕大多數都產自這種奶牛，但味道卻各有千秋。在貧瘠草地上生活的奶牛的牛奶味道寡淡、香氣遜色，在肥沃草地上吃油潤青草的牛奶味香濃；冬天的牛比夏天的肥壯，自然牛奶的味道也會更加濃郁。

而北海道的牛奶出名的原因，正是因為那裏的冬季時間長，奶牛會在這個時期多吃東西為體內囤積脂肪保暖，身體長得愈加肥白，擠出來的牛奶自然乳脂的含量很高，普遍都在 3.5 以上，有些甚至能到 3.8（一般通過牛奶中的乳脂含量判斷牛奶的濃度）。況且北海道人口稀少，空氣清新，所以在這裏四處可見牧場裏油油綠綠的牧草和優遊散步吃草的奶牛，也就不奇怪不管哪個牧場的牛奶水準都很高，這就是牛奶愛好者在北海道會經常感到幸福的原因了。這樣一杯色澤乳白中稍帶微黃的牛奶，濃稠的質感也讓它像紅酒般掛杯，聞上去濃郁的奶香中還透着青草的清新，入口滑滑的，富含牛油香，而且還有絲絲回甜作為餘韻收尾。

北海道農場牛奶

雪糕專用醬油

醬油撈飯吃得多，但是用醬油來點雪糕見過嗎？ 這瓶小小的像酒板的用天然日本醬油加工而成的雪糕醬油一點都不鹹，而且醬油味道特別的濃郁，滴一點在雪糕上會產生出乎意料的效果，試過這個之後，估計你從此吃雪糕的時候就將開始把各種調料往上面添加。

把它滴到用馬達加斯加香草莢做成的香草雪糕上面，那種熟悉的香草雪糕味道就立刻轉變成雪糕筒的烘焙香味，可能這瓶醬油似鹹非鹹味道的原因，讓雪糕轉成一種甜鹹交雜的甘味，而如果將它點在純牛奶口味的雪糕上，雪糕不但多了一陣醬油獨特的香味，雪糕的牛奶味和甜味還被醬油微妙的鹹味變得更加濃郁，實在奇妙。

雪糕醬油

日本皇室水蜜桃

日本水蜜桃的品質，堪稱全球第一，各省各縣皆有高水平產品。它們有嚴密的分級制度，按每個桃的糖度、顏色、大小、外觀、完整性，分為「一番桃」、「特秀」、「秀」、「優」及「良」五等。而甜度在 13 度以上、全個呈鮮嫩粉紅色及箱容量 15 個以下的，才能被定為最頂級的「一番桃」，而只有「一番桃」才可供日本皇室食用。過往山梨縣的「大塘嶺」、岡山縣的「清水白桃」經常被列入「一番桃」之列，它們的糖度，尋常是 13.5 度以上，甚至出現過 15 度、18 度，甜得很過分！

岡山縣產的清水白桃，完熟時頂部呈淡淡粉紅，就是一個「壽桃」的精緻外形；因為這身出眾外表，桃農又經常種出特

成熟的水蜜桃

別優秀的產品，所以每年「一番桃」級的清水白桃，也會成為日本天皇的賀壽貢品。這桃樹需要 5 年到 7 年的精心培養，結果後又極之嬌弱、不禁風，稍微多一點雨水的撞擊都受不了，會變黑、墜地，成為廢品。可是它的香氣非一般可比，放在小房間可令一室甜香；肉質軟綿細緻，完全沒筋；水分更是多得過分。日本的女孩子常開玩笑說：「跟男生第一次約會，千萬別一起吃清水白桃，男生會嚇跑的！」因為它水分超多，就像拿着一個吸滿水的海綿，沒法吃得斯文。

而產自山梨縣大塘嶺川中島的白鳳桃，果皮白中透紅，果肉乳黃色，肉質軟綿無筋，水分極多，糖度經常達 13~15 度，是「一番桃」的常任代表。

糖度是什麼？

糖度（Brix Degree）是液體含糖量的計量單位，每度是指100克液體中含糖的克數。除了桃，很多水果商也會用糖度去瞭解水果的甜度，好推廣與定價。比如橙子可以是8到12度，葡萄是7到12度，日本靜岡蜜瓜可以到18度，而一般西紅柿只有約5度……

市面上有專門測糖度的測糖機，用幾滴果汁就可以測出這個果實的糖度。而日本桃農，就是用專門的激光槍去查看每個水蜜桃的糖度。例如 13.5 度的「大塘嶺」，比較接近加了 2 匙糖的一杯奶茶的甜度。不過，糖度也不是一切，還得與果肉配合，比如同是 12 度的桃與水晶梨，因為桃肉質感綿軟，吃起來那種甜蜜的感覺會更討人歡心，爽口的梨就好像給比下了。

日裔國產水蜜桃

近年來有高品質日裔中國水蜜桃大受歡迎，本身是日本桃「元祖」的中國江浙系出品——上海南匯、寧波奉化、無錫陽山，自是趁勢而起。多年來技術、品種與運輸不停地改進，其他地區也積極取長研改。北京農業大學的教授就證實，這幾年中國北方一直引進南方水蜜桃研究，除了平谷，其他地區如四川的龍泉水蜜桃，不管是外表與味道，都與江浙系無大分別了。這些產品，沒有仔細標明它們的品種，也沒有「糖度」、「級數」做招徠，主要銷售到廣東、港澳台一帶，口感和滋味與日本產相差無幾，價格卻便宜了許多，叫許多愛桃之人高興不已。

白鳳桃

皇貴妃蜜桃

白鳳桃

黃金桃

清水白桃

修真園手工5年陳醬油

最珍貴的醬油是講究年份的。雖然不像酒那樣有偉大年份一說，可一瓶優質的醬油卻必須經過時間的沉澱。例如日本較為高級的醬油，通常都選擇1年以上的陳年，而在缸中陳年的醬油，各自的雜質會沉澱，過多的水分也由此蒸發，醬油中的氨基酸也逐漸變得更豐富，其風味自然愈發醇厚。

在陳年醬油的基礎上，還有更高級的手工醬油。其珍貴之處不僅是醬油的製作過程中完全依照傳統的方法，而且在如此大費周章下依然能堅持的精神。因為古法釀造的醬油，儲藏時非常容易變質，越是陳年的醬油，自然越是需要悉心呵護。這款修真園手工5年陳醬油，以有機大豆製成豆醬，然後放在屋簷下吊掛經年後再進行釀造，整個過程純粹手工製作，恢復了韓國當地民間傳統的製作工藝，味道帶着淡淡的烟燻味，鹹味柔和，還有一陣接近芝士般的發酵香氣。特別適合滴少許在熱騰騰的米飯中。

5年陳手工醬油

醬油的製作

釀造醬油的生產，是以大豆或豆粕等植物蛋白質為主要原料，輔以麵粉、小麥粉或麩皮等澱粉質原料，經微生物的發酵作用，成為一種含有多種氨基酸和適量食鹽、具有特殊色澤、香氣、滋味和體態的調味品。製作發酵醬油一般要經過煮豆、製曲、發酵、壓榨的過程，形成生醬油後，還需經過沉澱、過濾，再被加熱滅菌，之後再沉澱、再過濾，便成了醬油。發酵醬油的周期需至少3至6個月，只有這樣醬油才能呈紅褐色、有光澤、澄清透明，有濃郁醬香及脂香。

種類豐富的醬油

在醬油的黑色背後其實充滿了色彩，從最普通、黃豆釀造的生抽以及老抽，到小麥釀造、色澤淺褐的白醬油以及黑豆的蔭油，都充滿了不同的味道。除了液體醬油外，還有一些質地濃稠的，像來自台灣的醬油膏，由於質感較厚且鹹中帶甜，搭配白切肉等味道極其清淡的菜，會令本味變得非常突出；而印度尼西亞非常著名的ABC甜醬油，質感濃稠得如糖漿，加上裏面加了椰糖做調味，當地著名的炒飯更是少不了它。

如何享用高級醬油

對待高級醬油，通常都不會過分加熱，以免破壞其原有的味道和香氣，一般都是作為菜品的蘸醬或者拌菜的調料汁使用。而最好的「品油」方式，還是滴在做法簡單又帶着本味的食物上，如煎得焦邊的荷包蛋、鮮嫩的白切黃油雞、白灼的海蝦以及烤至微焦的茄子與西葫蘆等，因為這樣的搭配，既能讓食物獲得更好的風味，又能嚐出醬油味道細緻的變化，清淡之餘又不失風味。不過，最高境界還是簡單地拌入剛蒸好的米飯中，讓那米飯的香味與醬油的鮮味合而為一。

92 土耳其軟糖

這個柔軟又有彈性的小方塊帶着各種美麗的顏色,粉紅的是加了玫瑰香水、綠的是薄荷、淺黃的是檸檬,還有淺棕色帶着白色或綠色的果仁,它們被撒上白色的糖霜或者椰蓉,放在銀質的大托盤裏熠熠發光、勾人食慾。

土耳其軟糖是每一個到土耳其的人都會愛上的美麗甜點,這種主要用澱粉和糖製成的食物從 19 世紀就開始流行。伊斯坦布爾的 Ali Muhiddin Haci Bekir Company 是土耳其軟糖的百年老店,透過當街的玻璃櫥窗,就是土耳其軟糖的天堂。榛子、開心果、杏仁、薄荷、玫瑰、乳香、各種水果、薑汁,幾乎在土耳其能找到的各樣堅果和香料,都會被試着拿來加在土耳其軟糖裏。

毫無疑問,最好吃的土耳其軟糖一定是手工製作,新鮮的,一塊塊淺棕色半透明混雜着綠色開心果的軟糖據説也是丘吉爾和拿破侖的最愛。糖在齒間有微微的彈性卻不黏,甜卻不膩,香脆飽滿的果仁和糖的口感混合在一起,與土耳其紅茶再搭配不過了。

櫥窗後面琳瑯滿目的軟糖

紅茶與甜食文化

在土耳其，一小杯濃濃的紅茶，幾塊軟糖，一盤棋，就可以坐一下午。因為超過90%的居民是穆斯林，在公共場合大鬍子的大男人的飲料也只是紅茶一杯，然而這精緻的一小杯承載的社交意義可是非凡。如果隨便走進一家盤子和假古董商店的話，店主一定不由分説就要請你喝茶，彷彿你是他失散多年的海外親戚那樣親熱，絕口不提他的商品。只不過茶過半杯，如若你不為中土貿易貢獻出綿薄之力，就會恨死自己無情。

戴着土耳其高帽子的老人，用鈎子拎着雕花的大銀盤，上面放着比火柴盒高一點的燙金鑲銀的一小杯紅茶，往裏面多放糖，那漂亮的棗紅色和滾燙的溫度只有用這個小玻璃杯才能做到，所以你花一杯咖啡的錢只能喝到一口熱茶，一天喝幾十杯不在話下。對甜味的偏好，除了紅茶，自然還有土耳其甜食。32寸旅行箱那麼大的甜糕，蜂蜜都淌下來的蛋糕，甜得牙疼的香料餅乾……又香又甜，可以令你血糖瞬間升高而 High 到只有喝一口紅茶才能平息。

土耳其紅茶

伊斯坦布爾風情

土耳其最大的貿易海港城市伊斯坦布爾是個摩登又稱心如意的好地方。在伊斯坦布爾這個被海峽分成歐洲和亞洲兩部分的城市，左眼看到歐洲富裕悠閒、現代摩登、秩序井然，右眼又是充滿香料味道的濃郁中東風情，來自「流奶與蜜的土地」上和洋流交匯處的豐富物產幾千年也沒有變過。羅馬、拜占庭、奧斯曼土耳其三大帝國的混搭可不是隨便說說，除了阿亞索菲亞博物館、藍色清真寺、皇宮，真正打動人心的好玩東西多到數不清。

走在老城區彎曲盤旋的石頭路上，踏腳之處皆像一席流動的盛宴，隨處可見最飽滿的堅果，數不清的香料，香噴噴的蜂蜜，紅彤彤的酸石榴，剛捕來的海鱸魚，滋滋冒油的烤牛羊，甜到流蜜的無花果和五彩斑斕的軟糖。蓄着小鬍子的土耳其男人們坐在街邊的舊羊皮圓墊子上喝一小杯滾燙的土耳其紅茶，土耳其浴室的招貼在巷子深處露出半個角來，表情驕傲的花貓拐進一個緊鎖的鐵柵欄就不見了。空氣裏都是香料與海洋鹹濕混合的味道，遠處清真寺最高的宣禮塔傳來召集禱告的歌聲，鴿子劈裏啪啦地飛過。一切都又濃郁又漫長，就像已經一千年了一樣。

| 伊斯坦布爾的迷人海景 | 街頭小販鮮榨石榴汁 |

93

藍寶石波斯鹽

這款來自巴基斯坦古鹽礦的鹽擁有如同寶石般晶瑩的藍色，是當時波斯國王專用的貢品。加上其味道醇正，含有豐富的天然鉀，讓其一躍成為世上最珍貴的鹽之一。這款鹽最特別的地方就是回味帶有淡淡的紫羅蘭香氣，所以非常適合用在清淡的食品上，而與白巧克力配合還會令白巧克力散發出一縷熏衣草般的清涼回味。由於古鹽礦的產量逐漸減少，所以與來自海洋的鹽之花不同，這是一種正在消失的鹽。

產自古鹽礦的藍寶石鹽

越南河粉

不懂越南文的食客，對於「Pho」這個字卻不會陌生，越南的街頭巷尾都看得到它，在中文裏這個字的意思是「河粉」。「Pho Bo」就是「牛肉河粉」，簡稱「牛河」。到了越南不吃牛河，就如同到了日本不吃壽司一樣，無論從邏輯還是情理上都說不通。

雖然河粉有很多種類，如雞絲河粉、豬腳河粉……但牛肉河粉卻是經典中的經典。湯底是每天用新鮮的牛骨和牛腩加上店家秘密的香草配方慢火熬成的，一口喝來帶着濃濃的牛肉清香，又妙到碗中絲毫不見油星。河粉白得很自然，薄薄的，非常滑溜，仔細品嚐下有濃濃的大米香氣和絲絲讓人幸福的甜味。如果要的是熟牛肉河粉，碼放在河粉上的切成厚片的牛肉一定會讓你大呼過癮，不肥膩，乾乾淨淨的一片片，蘸上牛肉湯搭配河粉一起吃，簡直妙極了。

當然，吃河粉哪少得了香草。水靈的香草一筐筐整齊碼放好地端上桌子，免費自選，要哪種就摘幾片葉子放到河粉的湯裏。一定要加的是羅勒、鵝蒂、毛翁和紅辣椒，再擠上幾滴青檸檬的汁水，牛肉湯的鮮味瞬時被吊起。

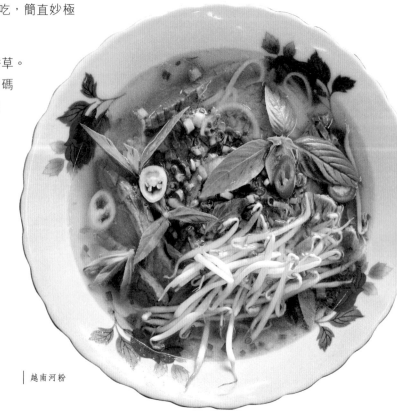

| 越南河粉

其他越南小吃

越南烹調最重清爽、原味，只放少許香料，魚露、香花菜和青檸檬等是其中必不可少的作料，以蒸煮、燒烤、熬燜、涼拌為主，熱油鍋炒者較少。河內的雞粉久負盛名，也可在河內街頭攤檔上吃到。雞粉用料講究，除雞絲外，還配有肉絲、蛋絲、木耳絲、葱絲、香菜絲。蝦餅是越南一道有名的小吃。蝦餅的做法是將加了調味料的麵糊裹上新鮮的蝦放入油鍋中炸，出鍋後香味撲鼻，香酥可口。春卷是越南的名點，春卷皮用糯米做成，薄如蟬翼，潔白透明。將春卷皮裹上由豆芽、粉絲、魷魚絲、蝦仁、葱段等做成的餡，放入油鍋中炸至酥黃。吃時，用玻璃生菜裹上春卷蘸以魚露、酸醋、辣椒等作料，酥脆不膩。

西貢街頭的小吃攤

馬來西亞
貓山王榴槤

水果從來是「樹上熟」最好吃，摘下來「悶熟」始終沒那麼香甜。但一般進口貨都不會「樹上熟」，以求擺放時間更久。馬來西亞的榴槤商，卻寧願少出口，也堅持榴槤要「樹上熟」。所以，最好吃的榴槤在馬來西亞。馬來西亞的榴槤已經像中國台灣的烏龍茶，有人專門研究，而且到政府注冊，弄到要用號碼來分辨不同的種植方法的程度。在當地常見名字是「D」一類號碼的榴槤，就是農民用不同方法種植的「注冊品種」。「D」是 Durian（榴槤）的意思。D18、D24 這兩款比較受歡迎，偶爾會在中國香港吃到急凍進口貨。

但有些農民覺得自己的榴槤更特別、更好吃，就不想去注冊——公開自己的秘方，於是便隨意改個名字，於是諸如「珍尼」與「貓山王」便隨之出現。現時最有名氣的是「貓山王」，產量非常少，就算在馬來西亞，市民聽到這個名字也如聽到皇上駕到一樣，也想去參見、摸摸，甚至嚐嚐。「貓山王」是爽中帶 creamy 的種類，肉質細滑，香甜得很，非筆墨所能形容。

貓山王榴槤

30 夜牛排

好牛排或許只是一大塊新鮮的牛肉在火上面烤到你想要的生熟程度，然後拿一把
Rambo 大刀切着吃，情景可以很豪邁也可以很血腥，反正和精細毫不沾邊。對於
牛排鑑賞人來説，越新鮮的牛排反而不入眼，以大理石脂肪著稱的牛與神戶牛並
不是他們真正要的。而一塊經過 Aging 的牛排卻永遠會是所有人的心頭那塊最愛。
千萬別小看這塊經過 2.2℃ 儲存 30 天以上表面發黴的牛排，其貌不揚的外表經過
炭火洗禮後可是「牛味十足」，雖然不如外界所傳「嫩得連叉子都能切下來」，
但這種經過 30 天類似排酸的過程會讓肉質的蛋白酶產生變化，導致肉質鮮嫩多
汁、味道濃厚。

| 誘人的牛排

生蠔美味

生蠔還有個愛稱：海底牛奶。對於狂熱愛好者來説，滑嫩爆漿鮮美無比的生蠔勝過任何美食，而對於生蠔的「潛功能」可以説幾乎眾所周知，連一向不相信食補的外國人也對其所謂的功效深信不疑。看似簡單的蠔，種類繁多得連一些海鮮專家都會一時不明所以。若要推舉世界各地生蠔界最突出的領軍蠔的話，法國的銅蠔 Belon 可説是當之無愧的了。

不知道是不是因為它那得天獨厚的冰冷水域所賜，在招牌的圓扁蠔殼裏的 Belon 可謂蠔如其名，豐富的礦物質造就了它那獨一無二的鮮味，無怪連最入門級的蠔客都能够在眾多複雜的蠔裏面輕易地道出其名來。

除了 Belon 以外，美國與加拿大一帶的蠔可説是令人吃得最舒服的，光是它那巨無霸的體積就完全讓蠔客們有「啖肉」的感受。但如果要論口感，那來自廣島的蠔可絕對會是最佳選擇，因為在咬開它那柔軟的蠔肉時，沁出來的蠔汁會像滿口帶着海浪味的奶油，和另一種日本生蠔熊本小石蠔的濃郁相比還真是一時瑜亮，各自勝場。

還有，不得不提一下的，就是來自新西蘭的生蠔——有一種濃烈的哈密瓜香味！對一般初始階段又怕不習慣的蠔客們的建議是，澳大利亞生蠔肯定會是不錯的選擇，一來它不像 Belon 那般個性強烈，也沒有廣島蠔口感上可能給初始蠔客的不適感，澳大利亞蠔會更多地給予你最清淡又不失海洋風格的鮮味，加上它屬於生蠔裏最穩定的種類——不管是塔斯馬尼亞還是悉尼石蠔——它們都屬於最溫和或者説「友善」的種類。

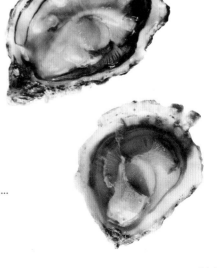

鮮嫩的熊本小石蠔

好蠔需要「放牧」

生蠔的肥美口感多數時候來自後天的培養和養殖。在清澈、乾淨、鹽度不太高、含氧量充足、有大量生蠔喜歡吃的微生物、流動但又不激烈的溫暖海域中，讓蠔苗靜躺生長兩三年以上，就能養出肥蠔。如果把生蠔送到不同的海域，吃不同的微生物，就能「調」出不同的味道來。現在大部分法國生蠔都是經過「放牧」程序的，激烈的鬥爭也在這個部分，其中法國最頂級兩大生蠔家族──Cadoret 和 Gillardeau，也是因為「放牧」得宜，而成為世界生蠔名牌。

蠔中的勞斯萊斯 Gillardeau

來自法國的頂級生蠔品牌 Gillardeau，專注養石蠔，它們擁有 700 個大小蠔場，不只遍佈整個法國，遠在愛爾蘭都有。每隻 Gillardeau 一生至少搬家四五次，經過 59 道養殖與精煉的過程，養殖期在 4 年以上，比一般養 3 年便上市的石蠔明顯肥美得多。

至於 Gillardeau 的味道，複雜得難以形容！入口鮮香味撲來，短暫的爽脆以後，是超級豐盈的軟滑 creamy 感覺，好像在吃牛奶布丁；然後榛子、碘香的味道徐徐出現，細品後又感覺有微微的烟燻味以及酒香……吞下蠔肉後，整個口腔還有餘香在回蕩，如果不再喝水或吃東西，餘香和柔滑感覺竟然能維持十多分鐘之久！難怪它被法國美食指南 Gault Millau 稱為「蠔中的勞斯萊斯」（Rolls-Royce），那種豪華感覺，絕對明顯、實在。特別是愛吃生蠔的人，試過 Gillardeau，肯定明白什麼是「蠔中的勞斯萊斯」，甚至會吃出愧疚感：「一隻蠔，怎麼能弄出這麼多變的美味？會不會吃得太奢侈了？」

配酒

當地的酒配當地蠔會是最完美的選擇，法國的夏布利白葡萄酒（Chablis）配 Belon，它們同樣濃郁的礦物味絕對會是天作之合，而新西蘭的長相思配新西蘭蠔，彼此的果香又何嘗不是相映生輝？甚至連日本熊本或者廣島蠔配上冰冷的清酒一樣都會產生出奇的效果。

開蠔 ｜ 加調味 ｜ 美餐

最佳食蠔季

儘管當今養殖技術的發達使得蠔全年都可以全天候地供應，但聰明的蠔客們就發現了一年裏名稱中沒有「er」的月份最不適合吃包括生蠔的帶殼類海產，而在這些名稱中帶「er」的月份裏面，最好的生蠔就產在大概11月到12月之間，因為在這段時期的海水溫度是全年最低，使得生蠔甚至其他的貝類海產最肥美鮮甜。

蠔的吃法

別小看一顆灰灰白白的蠔，幾乎沿海地區都會有它美味的身影，無論煎、蒸、炸還是生吃，不同地區都會以最地道的烹調方法來演繹它的動人之處。美國人會豪邁地將它和辣椒番茄醬放在Shooter杯子裏給你一口倒進嘴裏，讓蠔和酸辣的醬汁在口中肆意妄為；聰明的福建人和台灣人則會將大量的小蠔和雞蛋混合，下鍋煎成他們的地道名菜蚵仔煎；而注重原汁原味的粵菜師傅就會加上秘製的豆豉醬原汁清蒸；還有廣島炸生蠔，那火辣辣的蠔汁一不小心就燙得火燒火燎……

雖然吃法多多，但在衛生條件許可下，最令人推崇的吃法，莫過於像法國人那樣最原始的生吃了，侍者通常會端一個裝有洋蔥碎紅酒醋、檸檬和Tabasco的盤子上來，讓你根據自己的口味自由搭配，這時，只需在蠔表面滴上幾滴檸檬汁和幾小顆另外要求的鹽之花（Fleur de Sel），再把蠔整個拿起令其連殼裏的汁水一起「滑」到嘴裏的話，那種體驗一定叫你畢生難忘。

98 大都會馬天尼

如果說乾型馬天尼是屬於俊雅的男士，而大都會就一定是秀美的女人，因為這款酒是花式馬天尼中最經典的一款。大都會的味道不單令人陶醉，君度橙酒和蔓越莓汁讓整體顯得極其精緻，也帶點細膩而嬌弱，也許正是這種極具女性柔媚的味道讓人上癮。舉起酒杯，入口那股厚重如奶油的口感瞬間讓人感動，幽美的香氣緩緩地釋放，就像喝下一口發光的酒，讓身體逐漸變得透明，再細嚼一顆橄欖，不得不令人感嘆這股動人的魅力確實是馬天尼獨有。酒的好壞是騙不了舌頭的，一杯功力到家的馬天尼的口感渾厚含蓄，酒體緊實不散，如同嘴裏含了一個圓球般。在口味上，各種酒之間的味道很平衡，雖然經過冰塊的攪拌，卻絲毫不見水味。

技藝 │ 並不是把金酒與苦艾酒加冰後簡單攪幾下就算是馬天尼了，必須從每一個小環節開始。先將玻璃調杯以冰凍了72小時以上的冰塊降溫，其間還用特製的水壺加入水讓冰更快地將杯冷凍，將調酒杯中的水快速地倒掉後，就把Martini Extra Dry 與 Tanqueray10號倒入，再以充滿流綫與絲毫不出一點冰塊撞擊聲音的動作將兩者攪拌，冰塊起到冰鎮作用的同時，又不會稀釋酒味。最後將攪拌後的酒液倒入事先冰鎮過的酒杯中。調酒師將馬天尼推到我們面前時，以飛快的速度把檸檬皮在杯子的上空擠壓晃動，就是這個優美的動作不單令金酒與檸檬的香氣在空氣中交雜變幻，也彷彿給馬天尼灑下陽光。

馬天尼的迷人色彩

調製馬天尼

各色馬天尼

櫻花馬天尼

櫻花也能化成酒，味道充滿了日本獨特的浪漫，那股濃郁的花香，猶如紅色梅子夾雜楊梅的韵味，彷彿正在通過味覺演繹一曲爛漫的三弦，拍動着和歌的節拍，眼裏的世界被染成櫻花般的粉白色。

特點　用冰鎮過的伏特加作為基酒，使得這杯酒那股柔和的口感中同時帶着強烈的勁道，叫人回味的苦橙酒稍帶苦澀的結尾，又襯托出了櫻花利口酒的甜美。

飲時　櫻花繽紛的季節，在陣陣的櫻花清香中，是不是該來上一杯以伏特加為基酒的櫻花馬天尼？

桂花柚子蜜馬天尼

一款具有中國風的馬天尼，桂花糖與柚子蜜，用火把兩者混合煮開後冰鎮。基酒選用了有馥郁柚子香的10號金酒。淡雅的明黃色液體，柚子與金酒的味道從中演化出清涼的色彩，忽然一陣微妙的辛辣，原來是薑糖的結尾，給涼涼的口感帶來一絲溫暖的回味。

特點　桂花和柚子蜜給人的都是世俗但不俗氣的感覺，那種人間溫暖的情懷叫人感動。

飲時　有了柚子和薑味，是特別適合冬天喝的一款馬天尼。

蘋果馬天尼 | 假如說是第一次接觸馬天尼的話，相信蘋果馬天尼會是大家最好的第一杯，因為蘋果馬天尼的清香芬芳會讓其特別平易近人，而清爽乾淨的味道也會讓人感到別緻。加上此款雞尾酒能有紅和青兩種色彩，味道也跟隨着變化，一種甜蜜馥郁，一種青澀爽口，有趣自然。

特點 水果味的馬天尼讓人感覺清新美麗，酸甜的味道輕鬆入口。

飲時 餐前喝上一杯，讓味蕾和胃口迎接即將到來的大餐。

調製馬天尼的基酒

手工蜂蜜

最近在市面上流傳着一套叫做 Nine Varietal Honey Flight 的手工蜂蜜套裝，再次將人們對蜂蜜的熱情吸引回來。一般超市貨架上量產的蜂蜜都是由不同品種和味道的花蜜混合而成的，味道自然就是千篇一律的「蜂蜜」味了，而且，為了延長這些蜂蜜的壽命，大多數都會經過高溫加工處理，導致營養和味道都被大大地破壞，如果碰上一些無良奸商在其中添加糖水和染色劑的話那就更是甜而無味了。

通常為保證質量，手工蜂蜜都不會進行混合從而影響味道，而且在特定的季節、特定的地點進行花蜜採收，其目的就是為了突出被採的花蜜的原味，就像品嚐單一品種葡萄酒的道理一樣，所以這套蜂蜜中的藍莓蜜、紅莓蜜和覆盆子蜜入口時除了有來自蜂巢蜂蠟的香味以外，還有明顯的鮮果香氣，甜度儘管明顯但絕不膩口。

除了蜂蜜本身的出處保證了質量和味道外，Nine Varietal Honey Flight 最吸引人的就是來自當今西餐流行的 Tasting Menu 的概念。Tasting Menu 指的是將菜品的量縮小，目的是盡可能滿足食客們多嘗試的要求。這套 9 款不同色澤的蜂蜜代表了 9 種不同的風味，每一款的木塞上都標寫着其花蜜的來源地以及味道，從顏色最淡、口味最輕的椴樹蜜和鼠尾草蜜，逐漸到顏色金黃、口味濃郁的藍莓蜜和蔓越莓蜜以及玳瑁色澤、回味悠長的橙花蜜，到最後口味濃重、回味甘苦的黑色蕎麥蜜都悉數包括。

Nine Varietal Honey Flight 手工蜂蜜套裝

各種蜂蜜

華盛頓蕎麥蜜

採自早上才盛開的蕎麥花，實實在在的甜味伴隨濃烈的土壤氣息，可以搭配濃味的芝士，也可以塗在同樣有着甘苦回味的葡萄柚與柚子等水果上，和早餐的黃油吐司一起食用會讓一早上都甜蜜起來。這款蜂蜜可以代替白糖兌入咖啡，甚至更加健康。

加州野生鼠尾草蜜

採自加州南部至墨西哥沿岸山坡的野生鼠尾草，想不到的是甜裏帶着點辛辣的胡椒香氣，也使得在口腔中的回味有種別樣的暖和，可以搭配芝士或者蘸雞肉來吃，如果把此款蜂蜜加入綠茶中飲用，更會給茶水添加一絲如清新草香般的風味。

舊金山檸檬蜜

來自舊金山郊區的檸檬園，聽上去就非常吸引人。口味清淡之餘還有股清香的檸檬味道。最適合添加在英式紅茶中，給喝茶增添一種田園的自然氣息，也可以塗抹在英式松餅或者芝士蛋糕上，會讓蛋糕更清甜而不膩。

黑松露合歡樹蜜

在有機合歡樹蜜裏加入兩片黑松露，給本就稀有的合歡樹蜜再增添一絲雍容的貴氣，在嗅覺上增添一絲神秘，味道上更是讓濃郁的口感增添一股爆發式的香氣，如此高品質的蜂蜜最適合簡單地塗抹在吐司上慢慢享受其中松露帶來的性感的完美香甜。

阿斯圖里亞歐石楠蜜

一打開蓋子就有一股濃郁的花香氣息彌漫在空氣裏，讓人感覺宛如身處西班牙阿斯圖里亞深邃清透的森林裏。這款蜂蜜採自人迹罕至的大森林裏的歐石楠花，如果凍般質感的蜂蜜入口給人苦杏仁和輕微烟燻的味道，特別適合燻烤豬排或烤魚時塗抹在表面，回味悠長。

西西果蜜 | 採自西雙版納熱帶原始雨林野生西西果的蜂蜜，在口中會迴蕩一股特殊的香味，口感雖然清淡，回味卻特別悠長，恰到好處的甜度讓人一點都不會覺得膩滯，特別適合塗抹在剛出鍋的煎餅和吐司上面，搭配法國的卡門貝爾或者山羊乳酪更是相得益彰。

極品荔枝蜜 | 帶有濃郁的荔枝花香，氣息芳香馥郁之餘又不會過分的甜膩，回味還有一點紅茶般的熏香。適合直接含在口中慢慢吞咽，讓蜂蜜獨特的氣息在味蕾上鋪開，同時也特別適合加在英式紅茶裏，讓紅茶的香氣無限增強。

最時髦的蜂蜜流行語

生蜜 | 是指未經過巴氏消毒或者過濾的鮮蜜，其營養價值也得以最大地保留，但謹防衛生問題，切忌食用秋後的「生蜜」，防止生物鹼中毒。

單一特種花蜜 | 蜜蜂採集不同的蜜源植物，釀造出的蜂蜜在色澤、成分、味道和營養價值上也有所不同。有特種藥效的單一花種釀製出的蜂蜜，具有一定的特殊保健作用。如純的枇杷蜜，具有很好的止咳潤肺功效。

蜂療 | 也叫蜂毒療法。這種《本草綱目》提過的特殊療法，已經被越來越多的人採用。治療過程很簡單，只要把蜜蜂放在病患部位蜇咬一下，然後將蜜蜂取走，只將蜂刺留在皮膚上，一般3~5分鐘後，蜂刺上的毒液排乾淨，就可以取出，治療就結束了。蜂療的施針部位一般在病患相應的穴位上，這種結合中醫針灸的蜂毒療法不僅可以治療關節炎、風濕、類風濕，同時對神經痛、脊椎炎、腰椎間盤突出、高血壓也有很好的療效。

100 無花果

無花果的名字奇特，聽上去叫人心生愛憐，這種起源於地中海的水果與其他植物一樣是有花的，只是無花果樹葉厚大濃綠，而所開的花卻很小，經常被枝葉掩蓋，不易被人們發現，所以人們認為它是「不花而實」，故命名為「無花果」。

無花果在歐洲和中東都是很普及並且受歡迎的食材，地中海是其發源地，現在加利福尼亞也盛產無花果。在國內，以四川出產的最優質，新疆、西安和山東等地都有種植，只是產量都有限，也因此顯得更加金貴。

回歸到同是地中海的食材，與無花果相配的俯拾皆是。迷迭香、百里香、堅果、含鹽分的芝士，比如希臘的 Feta 山羊芝士等。而傾倒眾生的生火腿與蜜瓜往往被視為很有做派的不二搭配，但你不知道的是，其實它與無花果更是天生一對。像意大利火腿 Prosciutto，在無花果當季時，緋紅色的薄薄一片裹包着的可就不再是蜜瓜了，而是換成了讓人迷思的清甜紫色無花果。另外，與伊比利亞火腿齊名的西班牙 Serrano 山火腿，這種以高山白豬腿做成的火腿，更是需要無花果去配合它鹹鮮軟糯的口感，並且甜中透酸的無花果能中和火腿的油膩，其中的奇妙讓人怎能抗拒？

而至於西餐中的頭號貴公子——鵝肝，與無花果更是堪稱珠聯璧合的搭配。作為前菜的鵝肝醬，總會有咬上去輕微格格作響的無花果醬和兩片烘烤麵包的伴碟；作為主菜的煎肥鵝肝，酸甜的醬汁又怎麼肯讓無花果缺席？為什麼？鵝肝雖美，但卻有油膩的缺點，能將它中和的正巧是酸甜二味，但至於為何眾食材中，單單無花果才能出此無比奇妙的滋味，就得感謝最先將兩者搭配在一起的天才了。更有好事兼不計成本者，為了一塊純度無以復加的鵝肝，自從這鵝剛落地起便全程用無花果餵大，這樣瘋狂的舉動在全民性老饕的法國人看來，實在是能被理解並且不足為奇的。

無花果杏仁派

無花果杏仁派
（Almond paste pie with fig）

無花果被切成了薄片，表面烤得有些微微焦黃，仔細聽還有剛出烤箱的「劈啪」聲響，混合着濃郁蛋奶香的暖意，傳遞着初冬的訊息。無花果因為含有大量膠質，烤熟之後愈發軟糯，吃完之後覺得嘴唇都是黏黏的，也許，這就是它讓人掛念的緣由。

無花果的營養

無花果含有蘋果酸、檸檬酸、脂肪酶、蛋白酶、水解酶等，能幫助人體消化食物，促進食慾，又因其含有多種脂類，故具有潤腸通便的效果。所含的脂肪酶、水解酶等有降低血脂和分解血脂的功能，可減少脂肪在血管內的沉積，進而起到降血壓、預防冠心病的作用。無花果還有抗炎消腫之功效，可利咽消腫。

新鮮無花果

無花果甜品